21 世纪服装系列教材

U0891056

服装设计

主　编　曾　红

副主编　徐亚平　刘耀先　施　静

　　　　许崇岫　高亦文

参　编　崔容容　唐　燕　陈玉红

　　　　王银明

东南大学出版社

内 容 简 介

本书是高等职业技术教育服装专业系列教材之一，全书共分6章，分别介绍服装工业制板基本知识、国家服装标准基本知识、服装工业推板基本知识、典型款式的制板与推板、服装排料画样基本知识及计算机在服装工业制板中的应用等。书中配以大量实例，有很强的针对性和可操作性。

本书可作为服装高等职业教育教材，也可作为服装中专学校、服装职工、技术人员的技术提高及培训使用教材，对广大服装爱好者也有较好的参考价值。

图书在版编目(CIP)数据

服装设计基础/曾红主编．—南京：东南大学出版社，2006.4(2014.7重印)

ISBN 978—7—5641—0267—8

Ⅰ．服…　Ⅱ．曾…　Ⅲ．服装—设计　Ⅳ．TS941.2

中国版本图书馆CIP数据核字(2006)第030060号

出版发行　东南大学出版社
社　　址　南京市四牌楼2号(邮编：210096)
出 版 人　江建中
策划编辑　史建农
电　　话　(025)83795993(办公室)，83362442(传真)
经　　销　江苏省新华书店
印　　刷　江苏省南通印刷总厂有限公司印刷
开　　本　787mm×1092mm　1/16
印　　张　14.75
字　　数　368千字
版　　次　2006年4月第1版　2014年7月第5次印刷
书　　号　ISBN　978—7—5641—0267—8/TS·10
印　　数　10 001～11 000
定　　价　49.50元

21世纪服装专业系列教材编委会

前　　言

服装是人类生活最基本的需求之一，也是人类文明特有的文化象征。服装文化是一定的社会文化经济发展阶段人类物质文明和精神文明水平的反映。它不仅反映出人与自然、社会的关系，而且十分鲜明地折射出一个时代的氛围和人们的精神面貌。现在，服装已不再单纯作为生活必需品而存在，服装功能的外延已经向社会文化和精神领域拓展。同时，服装作为商品除了有较强的使用价值外，其社会价值、文化价值以及艺术价值越来越突显于人类对服装的基本需求之上。服装作为人类生活不可缺少的一种产品，也成为一种信息载体，体现出一个国家或民族的文化、艺术、经济和科学技术的发展水平。

改革开放以来，我国服装业发展迅速，现已成为世界最大的服装加工生产国和出口国。我国国民经济的持续快速增长，人民生活水平的日益提升，拉动了劳动力价格的上涨，使劳动密集型的服装加工业逐渐失去优势，同时客观上使服装制造业由低端生产加工向高端自主品牌转移，服装业由“中国制造”向“中国创造”转变。在这种形势下，调整产品结构、强化自主品牌意识成为中国服装业发展的大趋势。新形势对服装人才培养提出新的要求，中国服装教育必须与世界服装教育接轨。而教育出版物是发展教育的基础条件，是决定教育教学质量高低的关键因素。近几年全国各服装院校积极探索教育教学改革研究，产生了许多新思路、新观念、新理论、新方法和新技巧，切实提高了专业教学的针对性、先进性和前瞻性；提高了人才培养的技术应用性、技术高新性；保证了人才的适用性和相应持续发展性。由此，我们汇集教育部服装改试点专业、省级品牌、特色专业的教改成果和经验，组织全国十多所服装院校的专业教师共同编写这套应用型服装系列教材。这套教材既借鉴了国外有益的理论和方法，也弘扬了本民族文化特色；既注重理论的系统性与科学性，更强调实践的应用性和操作性。希望这套教材的出版，能够丰富服装专业的教学内容，在我国服装专业教材建设中起到推动作用。

本套教材可作为高等学校、高等职业教育服装专业教学用书，也可作为服装类职业培训用书。

热忱欢迎本专业师生和服装行业人士选用，同时，真诚地欢迎专家和读者对本系列教材的不到之处提出宝贵意见。

编委会

2005. 6

目　　录

● 基础篇

专题篇

基础篇

1 概　　论

学习目标

学习本章,学生应该能够了解:

1. 服装的起源和服装起源的动机;
2. 东西方服饰比较;
3. 服装的基本概念;
4. 服装的分类。

服装设计的概论部分是对服装的基础知识和基本概念的表述,是服装设计专业必须掌握的基础内容,本章简述了服装的起源和发展,论述了其中的起因,并比较了东西方服饰的基本要素。

1.1 服装的发展简述

1.1.1 服装的起源

在距今30万年前旧石器时代晚期,人类最初出现了原始衣生活。服装在其长期演变与发展过程中,也有着与生物进化相类似的现象。

服装的进化亦大体如此,由最原始、最简陋的饰物开始,如项链、手镯、脚镯、发带、腰绳等,接着在腰绳上挂一些草叶、树皮或其他有机物做成的装饰物予以充实、丰富,逐步形成腰蓑式的围裙。原始的服装就是以人的腰部为中心逐步扩大至身体其他部位及至全身,形成完整的人体着装。在旧石器时代,人们普遍使用兽皮毛作为服装的面料,既能包裹身体,又柔软舒适且较耐用。如已发现的距今3万年前在德国杜塞尔多夫城附近安德特河谷洞穴里的尼安德特人遗址上,克劳福特所描绘:他把熊烟熏出洞——然后用熊皮做成人类第一件服装。这服装起初实际上就是一整块未经切割的随机形状的不规则动物毛皮。中国的山顶洞人、许家窟人亦是如此。据《韩非子·五蠹篇》记载"妇人不织,禽兽之皮足也";《后汉书·舆服志》记载"上古穴居而野处，衣毛而冒衣……"即是例证。因此，在旧石器时代人类就已经开创了毛皮衣生活的服饰文化的文明史。

新石器时代，人类已进入到使用纤维来作为服装面料的服饰文化的生活时代，同时，人类也已掌握穿针引线、缝裁制的技术。因此服装的造型也脱离了原始的有机自然造型，而是以满足于自身需要为前提，除了沿用原有兽毛皮作面料外，还采用了草叶、树皮、藤条、芦苇、竹片等细长的线状材料系扎于腰上和使用亚麻纤维制成服装面料织物，在距今10万年前的瑞士湖畔已有发现，我国古代亦有发现，距今5000年以前的浙江余杭县良渚镇遗址和距今6000年以前的陕西西安半坡人遗址都可考查到此时人类已用陶片、骨等物品进行装饰。而在爱琴海文明时期的克里特岛上，人类已使用羊毛、棉花等纤维制成面料，并用金头饰、耳饰、指环、手镯、胸饰等自然玉石、矿物做成装饰品。因此这一时期服装在审美与实用方面的功能以及在制造工具、纺织技术上都有了历史性的进步。如我国古代《礼记·礼运篇》记载：昔者，先王未有宫室，冬则居营窟，未有火化，食草木之实，鸟兽之肉，饮其血茹其毛。未有麻丝，衣其羽毛——后圣有作，治其麻丝，以为布帛。柴尔德也说过："在人类史上，衣服、工具、武器和传统，代替了毛皮、爪子、利齿和觅取食物和居住的那些本领。"从此，人类社会进入了使用纤维面料的衣文化时代。例如：原始人类起初取兽皮毛之自然形状任意披裹身体，至磨制石器时期开始对动物皮毛进行分割缝合，使缝合后的形状更合乎人体的状况，从此人类的服装形状便摆脱了有机形体的束缚。后来，更精细的骨针、梭子、纺轮等原始纺织技术的发展，是促成服装由单一到丰富的关键性转变，其原料也日渐丰富，选用植物纤维和植物染料、矿物染料，人们可以用这些染料和纤维染织出多种花色、质地的面料和图案。这些早期纺织、染色、缝纫技术的进步使得原始服饰表现艺术形式开始按照人物主观愿望得以实现并日渐丰富多彩，在服装造型的想象空间，使之终于可能成为现实。

1.1.2 服装起源说的动机

1）出于实用目的的动机

为了实用目的，能保护身体，既是服装起源的目的，又是起因，因此人类的穿衣着装总是根据自然气候环境的变化而变化。在寒带地区人们为了保暖、御寒而穿毛皮服装，在热带地区服装可以用来防止日晒雨淋和蚊虫叮咬，从而保护自己的身体免受伤害，这与《淮南子·记论》中记载"麻索、手经指挂"以草衣葛裙为遮身御寒的说法一致，说明服装首先是用来保护身体的。

2）出于审美目的的动机

北京西南北京猿人遗址——周口店，发现了大量的铁矿粉末和人工制造的装饰品，有带孔的兽牙、海壳、石珠、石坠等等，这些丰富多彩的装饰品，向世人展现了古代原始人心中的精神世界，也表达了他们的审美观念，而这些装饰很可能早于服装产生，它能更纯粹地反映人类对美的追求。俄国普列汉诺夫进行了进一步的阐述："它是在暗示自己的灵巧及有力，因为谁战胜了灵巧的东西，谁就是灵巧的人。谁战胜了力大的东西，谁就是有力的人。这些东西最初只不过是作为勇敢、灵巧和有力的标记而佩带的，只是到了后来，正是由于它们是勇敢、灵巧和有力的标记，所以引起了审美的感觉，归入装饰品的范畴。”

图 1-1

在我国古代《后汉书·西羌传》中说羌人“被发复面”，《后汉书·陆贾传》中记述南方少数民族的“椎髻”、青海大通上孙家寨出土的马家窑文化彩陶盆上记载载歌载舞的带有尾饰的原始人（如图1-1），这些原始尾饰、装饰也许是当时最时髦的服装款式了。原始的艺术表现力，不仅在高高的石崖上，而且在小小的陶制皿上也能得到充分的反映。他们将日常生活中劳动场景如狩猎及耕作等见到过的东西记录下来，纹样有鱼、鹿、牛、鱼网、水纹等，自然描绘成动植物纹样、几何纹，造型质朴，生活气息十分浓厚且呈现原始艺术质朴的美。另外，“纹身”也是一种装饰、美化人体的手段，表现了原始人激发的从属于实用感后的朦胧的审美潜意识，表现形式为形体的节奏感。由于集体劳作的统一，从而产生了强烈的节奏感，这又与服装装饰的节奏感产生审美共鸣。因此，原始服装审美意识的表现形式是包裹的毛皮、织物及装饰物品的有与无、多与少、疏与密、长与短等节奏的对比。从这些强烈的对比中产生的美感，这种审美的表现性与实用性是有机的统一，同时服装的起源是表现在偶然的下意识的使用上。当人们开始把这种自然的赐予转变为自觉的行动，就开始有意识地改变其天然形式，并逐渐体验、积累、构建服装造型的意识，营造服饰的穿着氛围。而不同材料、不同样式、不同环境、不同地点、不同时间、不同生存方式等多种因素互相作用的结果却是多元的，逐渐发展成为人类的精神心理需求。普列汉诺夫说：“那些为原始民族用来作装饰品的东西，最终被认为是有用的，或者是一种表明这些装饰品的所有者拥有一些对于部落有益的品质的标记，而只是后来才显得美丽的，使用价值是先于审美价值的。”不难发现，原始人类蕴涵着最原始的审美价值评价。

3）出于象征和图腾崇拜目的的动机

原始人的生产力在伟大的自然力面前显得非常渺小，由于生存环境恶劣的影响，以至于原始人只能借助于神奇的幻想力和想象力，以从精神世界对付自然力，并把精神分离于肉体独立存在，即世人所称的灵魂。原始人类寄希望于灵魂，希望得到善的灵魂的保护，于是把贝壳、石头、羽毛、兽齿、叶子等自然界的东西附于身上，这就是说等于具有了超自然的力量，同时也是氏族、地位、财富的标志，并逐渐演化为某种形式的饰品装饰于人体上（如图 1-2）。

图 1-2

4）出于性差异和异性吸引目的的动机

中国历史学家吕思勉认为服装起源的原始动机在于异性吸引。他在一篇著作中说：“衣之始，盖用以为饰，故必先蔽其前，此非耻其裸露而蔽之，实加饰以相批诱”。我国古代由于礼制约束而对裸体讳莫如深，在漫长的服装历史发展过程中，服饰弱化了性差异。因此，在中国传统民族意识中两性差异和遮羞蔽体被认为是服装重要的起始功能，中国古代哲人也说过："食色性也。"马克思也指出："性欲和饥饿是固定的动力，存在于一切环境之中。"由于两性生理不同而产生羞耻感可能造成的遮羞心理，加之对原始生殖崇拜引出保护性器官的必要，最终形成遮羞的衣物。在欧亚大陆北部，散布着大量远古时代的文化遗址，其中有多处妇女雕像，这些雕像多为裸体，仅在大腿根部围一条细带子，著名的有德国勒斯标格雕像。这些衣饰可以肯定不是为了保暖御寒，而是出于性心理差异、道德观念和性意识，这些与服装毫不相干的东西却被客观地用来决定以后服装的审美命运。生活在这些因素的制约下，人类经过漫长的演变和伦理演进，逐渐显示出他们的审美价值，形成以美感为存在形态的性感、羞耻感、审美感的总和，即人体美。如残废的维纳斯亦被称为世界最美的形象，它是直观的、可感受的审美形态。如今现代女性穿上超短裙，袒胸露背或透，无一不是展示人体妙不可言的曲线，这其中原因，应当是对性差异和性吸引说的艺术升华吧。

1.1.3　东西方服饰比较

东西方服装在经过漫长的封建社会发展阶段后，逐步趋向稳定的风格，形成了各具民族特色的服饰形态。东方服饰整个历史发展过程具有较稳定的连贯性，而西方服装较之于东方服装显得更为丰富多样，西方人的装束十分注重表现人的体态，如何比较东西方民族服饰文化的差异，可以从服装形制、服装面料、裁剪技术以及东西方民族文化的差异性来阐述。

1）东西方服饰形制比较

中国有五千年文明历史，素有"礼仪之邦"和"衣冠王国"之美誉。受儒家"中庸"思想和道教"禁欲律行"等哲学思想的影响，在服饰上讲究着装体面、体统，在形式上更多地表现为含蓄、端庄、严谨之风，造型动感较弱，用宽松的、平面的"宽衣博袖"的形式层层包裹人体，衣领紧扣，长裙曳地，不可过多的袒露肌肤，线条婉约柔和，崇尚舒适、自然、和谐之美，服饰多注重服装本身层面上的装饰、美化，喜好用刺绣、镶、滚和拼接等工艺装饰服装。因此，上流社会服饰装饰华丽、繁复、精致，物质能力的提高使这种发展趋势非常明显。清代最著名的有"十八镶"、"十八滚"，无休止地追求堆砌、繁缛、冗长和千篇一律。同样，朝鲜、日本、印度等国传统服饰基本上也都是"宽"的文化展现。利用纹样、刺绣、镶边等传统工艺点缀，以服装本体的美来代替和掩饰人体的美。而西方服装较之于东方服装显得更为丰富多样，西方人的装束十分注重表现人的体态，认为服装是装饰、美化人体的，服饰讲究比例、匀称、平衡、立体感的整体意识，追求人性美、人体美和曲线美。从古罗马时代，人们利用自然的悬垂褶皱，表现出人的自然形体，到哥特时期的适体自然S形曲线，文艺复兴后出现了挺胸、卡腰和膨松型裙身极致S形曲线的立体型服装，标志着西方服饰的着装心理是讲求体饰美，其装束风格自然也是他们文化精神外化的表现，显示出西方对人性和个性的尊重，这与东方重礼仪和人伦的观点有显著的分歧。

2）东西方服饰面料的差异

由于东西方地理环境的差异造成了东西方在服装面料运用上的差异。东方自然地理环境较为暖湿，其生存最佳着装面料的条件是吸湿和透气，因此，丝、棉、麻是主要原料。中国古代有高超的编织丝麻的技艺，如长沙马王堆出土的素纱禅衣长 128 厘米、袖长 19 厘米，整件纱衣的质量仅为 49 克，加上中国染色技术发达，使中国丝绸独具魅力，不仅柔软滑爽，独有东方韵味，而且纤细牢固、不易断裂，此外还有精美刺绣，使东方服饰面料具有别具一格的风格。

西方处于地理位置气候相对比较寒冷的地区，多采用羊毛编织面料和裘皮作为服饰材料，柔软、保暖、舒适。因此，毛料和裘皮是西方服饰的主要使用材料。

工业革命后，西方纺织业突飞猛进，由于技术的革新、大机器的使用及许多科学的发明创造，使西方在纺织、编织技术方面远远领先于东方。在这一方面我国应当发扬古人的聪明智慧和传统文化的现代应用，理性地认识传统的现代价值和意义，并注重科学技术的运用，使我国传统丝绸编织和传统工艺向精品迈进，突破百年来我国纺织业处于低档徘徊的局面。

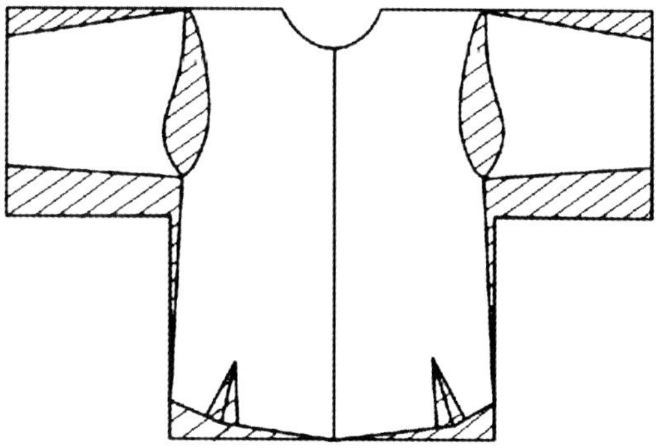

图 1-3

3）东西方服装技术的比较

东西方服装的造型特征差异明显，实际上是宽衣文化和窄衣文化的比较。东方是平面式裁剪，而西方则注重立体裁剪方法。从裁剪技术上比较东西方服饰即可很直观地看出其平面与立体之差异（如图 1-3）。13 世纪日尔曼民族处于相对较为寒冷地区，因此需要服装较为合体，这样出现了带有省（Dart）的服装。省的发明是服装裁剪技术中一个很了不起的事情，它使得服装合体，体现人体美的曲线。东方服装的平面效果突出，有许多多余的部分没有被去掉，如肩、袖、腋下等部位，整体效果缺乏立体感；西式服装收肩省、腰省、腋下省或胸省等，袖与大身分离，比较科学的裁剪方法使得服装各个部位连接更合理、更贴近人体的肩臂，使得整体服装紧贴人体，形成立体氛围。在现代服装设计中的结构设计是以西式工艺结构为基础的。

图 1-4

在现代服装设计中，东西方服装裁剪技术也是互为交融的。20 世纪二三十年代中国的旗袍吸收西方省道运用（如图 1-4），形成了现代中国特色的传统服装——装的立领裁剪贴切、制作精细，在女性的脸型和颈肩的搭配方面有独到功效，很为西方女性所钟爱，而形态各异的盘扣更令西方人眼花缭乱。现代休闲服装的裁剪很多方面亦采用中式的平面裁剪方法。二者的融合推进了现代服装业的发展。

总之，东西方服装形态差异的根本原因是东西方民族文化的差异。从社会文化、文学艺术、音乐舞蹈、建筑绘画、工艺美术、民族个性、哲学思想等方面皆可看出，西方强调个性和立体，理性化地对待个性，注重科学研究；而东方则相反，封闭个性，弱化人体，掩盖人的第二性征，这与儒家、道家哲学思想有着深刻的渊源，随着东西方文化的交融，这种状况已有明显的改变。

1.2 服装的基本概念

1.2.1 服装的定义

“服装”是指覆盖人体躯干、四肢等各部位附着物的总称。一般名称为衣服,《说文解字》中有载:“衣,依也,上曰衣,下曰裳,象覆二人之形,故形似交领,两袖中空,左右襟成掩合之形。”康殷在《文字源流浅说》中认为衣的原形意为“像一件古代上衣形”,而服是穿着方式的表述;另一方面,在民间服装称为衣裳(衣即上装,裳即下衣,即上衣下裳)。

1.2.2 服装的外延——服饰

服装的外延包括除衣、裳之外的装饰品或附属品。服饰除衣服外,还包括帽、鞋、袜、手套、围巾、腰带等人体头部、颈部、手部、足部的覆盖物,也就是衣服和配合衣服的装饰性物品以及细节结构的总称。完整的服饰构成如下:

服饰
- 衣　服——上、下、内、外各种覆盖人体的附着物
- 服饰品
  - 服饰配件,包括鞋、帽、袜、手套、包、腰带、领带、伞、等,又称附属品
  - 首饰,包括项链、耳环、手镯、戒指、胸针等装饰品
- 发　型——发髻、烫发、短发、卷发等各种形态和色彩的发型
- 化　妆——属于美容的范畴,包括脂粉、画眉、唇膏、染指甲等

1.2.3 关于服装相关的几个概念

1) 时装

时髦、新式的、具有鲜明时代感的能被社会大众所接受的流行服装。时装是相对于特定历史时期内具有一定稳定性的日常服装而言的新颖服装,其特点是具有明显的流行性、变化性和周期性。

2) 高级时装

设计师面对顾客反复进行假缝试样,一件一件地去制作适合顾客体形的衣服,即“量体裁衣”和“度身定做”,强调个性设计和手工制作的特点,具有很强的针对性,并使用高级的服装材料。表现特征是经典时尚的设计、精致的制作和工艺、昂贵的价格、上层的服用者和特定的使用场合,适合高级层次的个性化消费需求。高级时装设计师被称为 Couturier。

3）成衣

是指按一定规格和标准号型尺寸大批量生产出来的衣服。是工业化、机械化和标准化的代表，适合大众层次的消费需求。

4）高级成衣

高级成衣脱胎于高级时装，具有高级时装制作精良、设计风格独特、价格较高的特点，是设计师针对不同的中高级目标顾客群（具有相同消费心理和消费认知度的顾客群体）的职业特征、爱好兴趣、文化品位、气质修养以及穿着场合等进行的时装设计，力求做到“小批量，多品种”和“适合性”设计，主要适合于中高级消费层次的消费需求。高级成衣设计师被称为Styliste。

1.3 服装的分类

1.3.1 从历史的角度分类

服装从历史和时代的角度可以分为原始服饰、古代服饰、中世纪服饰、近代服饰、现代服饰等。

1.3.2 从文化的角度分类

服装从文化的角度可以分为民族服饰、民间和民俗服饰、宗教服饰、舞台舞蹈服饰等。

1.3.3 根据服装的穿着方式分类

1）贯头式服饰

在长方形、圆形或椭圆形的布料中间挖个洞套在身上的服饰形式。古罗马的丘尼卡和现代套头衫就是这种形式。

2）披覆式服饰

将布料以肩部为支点披挂于身上的服饰形式。披肩和斗篷就属于此类服饰形式。

3）系扎式服饰

使用绳索或其他捆扎材料将面料系扎于人体的某个部位的服饰形式。常见于热带服装和时装设计的局部细节运用。

4）缠裹式服饰

使用长方形或半圆形的布料将人体缠绕一圈或多圈的服饰形式。印度的纱丽就是典型的缠裹式样的服饰形式。

5）包裹式服饰

前开式的有袖或无袖的、在前身系上或扣上的全身衣形式。亚洲东部的国家如中国、日本等民族服饰大多是这种服饰形态。

1.3.4 根据服装的组合方式、用途、面料、制作工艺分类

不同品种的服装有其特定的组合形式和穿着方式，这种形式随着时间的推移，表现的面料和制作工艺都有着显著的差异。

1）整件装

服装中、上、下装相连的形式称为整件装。日常穿着的各种连衣裙、连衫裙以及华美高贵的晚礼服都是整件装的表现形式。

2）套装

套装是上衣与下装（裙或裤）分开的衣着形式。一般使用相同的面料制作上衣和下装，它们可以配套穿着，也可以各自独立与其他服装组合穿着。有两件套（外衣、裙或裤）、三件套（外衣、背心、裙或裤）等组合形式。

3）外套

外套是穿在最外层的服装形式。根据不同季节、不同材料和不同场合穿着的需要，外套可长可短，面料有厚有薄，也可以设计成单的或夹的，棉的或毛、皮的。

4）上衣

上衣是穿在人体上身的服装形式。长度一般至腰，也可短至背部或长至臀部位置，品种范围从内衣、衬衣到长短茄克、西装等。

5）背心

背心是穿至上半身的无袖服装形式。通常长至腰、臀之间，也有长短之分。一般穿在衬衣外，并常常与套装配合穿着。其面料及色彩也常常与外套或裙、裤相同。此外，背心也可作功用性的服装，如呢背心、羊毛背心、摄影背心等，作为调节气候温度或辅助工作用的外衣穿着。

6）裙

裙是遮盖下半身用的服装形式。按形状分为一步裙、A字裙、太阳裙、裙裤、鱼尾裙等。裙的品种尤为丰富，是女装设计中变化甚多的品种之一。

7）裤

裤是从腰部向下至臀部后分为裤腿的服装形式。按裤腿的长短可以分为热裤、短裤、中裤、长裤等等；按造型分有灯笼裤、直筒裤、喇叭裤、太子裤等等；按功能分有工装裤、运动裤等。

1.3.5 按服用用途和使用场合分类

1）社交服

社交服是在社交场合穿着的礼仪性服装。有礼服、出访服等。礼服可分为日间礼服和晚间

礼服。社交服的形式以套装为主，也可采用连衣裙形式。社交服的面料高档，设计需符合着装人的身份、体态和风度，服装装饰得体，工艺精致，如传统、现代晚礼服。

2）日常服

日常服包括的范围较广，由于穿着环境不同，有略带正统、严肃意味的服装，也有轻松、时尚的服装，风格较多。

3）职业服

职业服是某个企业、群体或工种的具有标志性的服装。整体形象代表了某企业或特定职业的视觉形象，可以明确表明不同的职业特色，有管理类、文员类、礼仪类、工装类等的细分。

4）运动服

运动服是活动时所穿的服装形式，可分为运动竞赛服和活动服两大类。运动竞赛服不仅要适合不同竞赛项目的运动方式，而且还要有参赛团体的标志。竞赛服的款式根据运动项目各具特色；活动服是人们进行一般性体育活动或旅游时的穿着，如晨间锻炼的运动衣裤、滑雪服等。运动服对服装的功用性、卫生性、透气性、吸湿性和画龙点睛式的装饰性要求比较讲究。

5）室内服

室内服是指在室内和家居时间穿着，并具有特定用途的服装（如睡衣、浴衣、晨袍、便服以及厨房服等）。

1.3.6 按服装面料分类

按服装面料的成分可以分为自然纤维面料服饰、化学纤维面料服饰、混纺纤维服饰以及高科技或绿色纤维服饰。

思考与练习

1. 服装的起源和思考。
2. 服装的基本概念的区分。
3. 服装分类的针对性。

2 服装设计理念的建立

学习目标

学习本章,学生应该能够了解:

1. 信息化时代的服饰文化内涵以及发展趋势;
2. 信息时代服装设计预测体系的建立;
3. 信息时代服装设计的灵感与构思;
4. 服装设计创意的解构元素;
5. 服装设计原则。

服装设计具有很强的时代性、社会性、物质性、时尚性和艺术性,如何把握信息时代下的服装设计文化内涵和设计艺术理念是本章需要探讨的内容。

2.1 信息化概念和目标市场的预测

2.1.1 信息时代的市场表现

1)“需要”层次转化论

人类在经济时期有着不同的文化和经济尺度,现在社会经济条件的改变,人们已不满足于生存,更需要的是健康、舒适、卫生、安全的穿着文化尺度,这种“需要”还在进一步向高层次转化。早在19世纪中叶英国人莫里斯在工艺美术运动时就提出:“不要在家里放一件有用而不美的东西。”强调审美功能并对艺术设计予以肯定,而现在这些文化尺度可以通过技术与人的良好关系来确定,表明了科学技术和经济发展在设计理念上的紧密联系。

另一方面,现代服饰设计风格呈现多元化的发展趋势,在追求服装的功能性方面,“美”与“用”有了更深沉的意义和诠释,“美”由单纯地追求形式美感向追求时尚美、个性美、自然美、另类美等适合着装者心理认同感和时代感的审美形态过渡,即审美内涵赋予了更多的文化内容;“用”向合理好用、便捷、灵活而且健康、舒适、卫生、安全、科学智能化等功能要求方面靠拢。因此，实现现代服装设计功能美的最终目的是服装服用功能性的完美和协调，完整地体现了精神文化、物质文化和社会文化的一致性。

2）设计哲学文化内涵的体现

体现“师法自然”的思想，“崇尚和谐”的理想境界等并与我国古代哲学文化相吻合的观念。

“师法自然”是中国古代哲学家老子主张的：“人法地，地法天，天法道，道法自然。”（《老子》二十五章）也就是说归根到底人要以自然为师，有针对性的“返璞归真”或“回归自然”，在哪里违反自然就在哪里回归自然。这种尊重自然的观念，在服装设计中将得到很好的应用。近年来，设计界弥漫着一种“回家”的渴望，吹拂着一股怀旧的微风，这股“自然风”针对于现代设计对标准化、机械化的极端追求。然而，当生活程序化、简单化后，人们又发现自己置身于一个陌生而又毫无人情的环境之中，生活不再是主体的、富有生命力和充满变化的，仅仅只是沉没于平面化的单调中。作为设计师要善于观察人心灵的世界，以艺术家的身份融合高科技和人们感情的需要，服装设计要体现协调人的理智和情感，给人以“回归”、“回家”之亲切感，因此形态亲切、造型朴素、符合自然生态规律的整体设计正好与信息时代的潮流不谋而合。这种以回归自然、返璞归真的设计潮流使以人为本的设计理念有了更深刻的内涵，它不仅涉及服装设计有形的外在的方面，还关注无形的内在的感情的流动，以人为本的设计是感性和理性自然结合的设计实践。

中国文化以“和谐”为“美”，所谓“天地之道而美于和”、“天地之美莫大于和”（董仲舒《春秋繁露·天地阴阳》）。强调人与自然的和谐关系，重视各种因素对人的健康舒适性的影响。服装设计在服装卫生学、服装人体工学方面研究的长足进步对于影响服装的健康舒适性具有重要意义。

3）独特个性文化的表达

个性差异的存在是个性特征发展的前提，也是影响人们着装行为差异的基础。而其中主要影响服装行为的个性特征是个体的性格和气质的差异。性格是完成活动任务的态度和行为方式的特征，性格带有明显的先天性，大多数人性格是先天铸就的，如性格内向的人着装大多比较整洁而不擅长装扮，性格活泼的人着装大多比较擅长搭配。气质是个体心理活动的动力及外在表现特征，虽然气质与先天的血型有一定的关系，但影响气质最重要的因素是生活、学习的环境、所接受的教育程度和社会地位、角色及由此产生的职业等等，如大学校园里培养着各种不同专业的学生，由于所学知识的专业需要和环境氛围的影响而形成了具有专业特色的整体着装风格。艺术学院尤其是纯艺术如雕塑、油画等专业的学生敢破敢立，敢于打破社会规范的约束，富有强烈的表现自我的愿望，着装大胆自由，不拘小节；外语学院的女生大多追求浪漫情调，着装比较洋气；理工科学生大多严谨、刻板却憧憬着美丽的服装，故着装整齐优雅；医学院的学生认真、一丝不苟，着装单调简洁。而同样是牛仔裤，性格气质不同的男生和女生的认知和理解也是迥然有异的。追求时尚的女生的牛仔裤常常缀有时下流行的装饰细节，另类的女生故意把牛仔裤破坏形成野性风格，懒惰的男生总是说牛仔裤实用——耐脏和耐磨。可见，即使是同样的服装形式，不同性别、不同年龄层次、不同文化品位的人的认知是不一样的，这就衍生出各种各样的审美形态，形成了服装审美的多元化格局。服装在信息时代的表现，既实用又是文化载体，以其造型、结构、风格、细部雕琢等向人们传播着某种文化信息，服装设计在信息时代个性化的表达有赖于传统文化的发挥和现代艺术手法的完美结合。

4）科学、艺术、技术新联盟与服装时尚

科学和技术的发展对现代服装设计和服饰文化的影响有着显著的促进作用，可以从三个角度分析。首先，缝纫机的发明和服装辅助加工设备技术的提高，还有化学纤维及合成纤维的飞速发展，促进了服装工业化的规模生产，服装的产品质量不断提高，服装设计的手法和创作的材料都发生了变化，设计手法不断丰富，服装造型越来越丰富，材料的质感、触感越来越人性化和个性化，使得服装成衣和时装成为大众化和平民化消费；其次，科学技术的发展与物质文化的繁荣有极深的渊源，生产力的发展带动了经济的改善，经济能力的提高促进了财富的扩散，加上教育程度和文化品位的提高，人们认知能力和审美能力的升华等因素改变了人们的生活方式；再次，科学和技术促进了媒体的发展，信息的快速传播使流行和文化的影响日益增强，促进了中西方文化和艺术的交流和融合，这些都使服饰时尚文化和艺术潮流深入人心。

信息时代来临以后，随着后现代主义思潮的兴起，许多人开始认识到"科学技术是社会发展的内在总体，它被分解为单独的部门不是取决于事物的本质，而是由于人类认识能力的局限性，实际上存在着由物理到化学，通过生物学和人类学到社会科学的连续的链条，这是一个任何一处都不能被打断的链条"。所以说科学技术与艺术在设计与社会生活领域是相互渗透与联系的一个整体。过去的历史可以看到，农业文明时期是精湛的手工艺技术和艺术的结合，工业文明时期是科学与大工业机械化的结合，而现今信息文明时期则是科学技术、手工艺技术、信息技术与艺术组成新联盟的时代。由此，表达了一种人性与自然，既有高科技含量又有文化、艺术内涵，服装设计作为人类社会生活方式和社会形态的表征，理所当然必须冲破旧的传统、旧的模式、旧的观念，面向一个新的着装形态（Life-style Dressing）—— 为满足消费者的需求（Wants）胜于需要（Needs）。

未来服装的发展，依赖于传统文化渊源和精湛的工艺艺术的完美协调，并有科学与机械工业技术支撑，才能做到推陈出新和迎合社会大众的文化心态。

5）中西融合，兼收并蓄

信息时代艺术设计在处理中西文化关系上应当坚持中西融合，反对任何形式的文化保守主义和文化虚无主义，努力发扬两种文化优良成分并加以融合，以求创造出适合信息时代所需的文化理念。运用到服装设计，就是要吸取中国传统文化中的意境及其表现手法，融西方文明中的比例法则、立体观、理性思维方式，这样可以互相为"用"，同时还要面向自然、面向生活、面向当代、面向未来，积极研究和探索适合我国国情并合理开发利用自然和文化资源，走可持续发展的服装设计健康之路。

2.1.2 信息时代的服装设计预测体系的建立

（1）目标企划——明确制定以什么类型的消费者为对象，以此作为企划的出发点。

（2）情报企划——预测下一季商品类型，收集市场有关情报，分析归纳并得出结论。市场情报可分为：

① 有关社会、经济、生活、形态情报；

② 至去年为止销售额情报；

③ 国内外服装色彩、材料、式样流行情报；

④ 相关制造商情报；

⑤ 预测消费者喜好情报；

⑥ 与其他消费者竞争的情报；

⑦ 传统技术、最新技术等技术情报。

（3）概念企划——以情报分析得出结论构思之主题或形态的具体形式展示，有必要获得参与设计系统人员之认可。

（4）协调企划——形象被定位后，选用符合此形象之材料、色彩、式样等综合计划，必须充分考虑商品之间、环境与顾客之间等的关系。

（5）项目企划——具体计划、基本质料、色彩、细节设计、主色、配色、花样、尺寸、型号、价格等因素。

（6）设计企划——此阶段才实际设计并制成样品，确定加工工艺流程。此时参与计划的人员（管理人员、营销人员、设计师、打样师等）必须充分沟通，力求对形象皆十分了解。

（7）宣传企划——拟定宣传展示商品的方式，传单、广告的制作，促销活动的开展，以及对于市场反映的应急方案等。

（8）反馈企划——从效益的角度检查成本核算、产值、利润，并通过生产、销售部门了解产销信息；检验工作成果，同时检查宣传效果，确认产品是否能系列化发展，以及今后如何发展。

现代服装设计的整体计划是以设计师为中心，各个职能部门的团结协作是最重要的因素，顺利进行计划的实施是服装设计成功的保证。

2.2 构思的多种途径

2.2.1 信息时代服装设计的灵感与构思

目前我国服装设计师对于服装设计的创造性思维的开拓认识比较模糊。一些人仅凭手头上的一些港台、国外服装期刊杂志去寻找灵感，难以捕捉到最新的服装流行资讯，这样创作、设计的作品多数是生搬硬套，不仅缺乏自己独特的见解和个性，甚至有些离奇，其设计构思自然没有新意，纯粹是为设计而设计；另一些人对传统文化或某一文化内涵有一定的偏好，设计创作时，陶醉于自己的风格和个性，脱离生活实践和社会实践，最终亦不能被人们所接受。

服装设计艺术是一项在生活中思考，在思考中造型，融逻辑思维、形象思维、逆向思维和理性非理性思维为一体的艺术创造活动过程，其中蕴藏着闪光的艺术哲理和丰富深沉的文化内涵，因此发现这些闪光之处的能力、挖掘深层次的审美意韵就显得尤为重要。如果缺乏这些能力和表现内容，就必然会失去艺术创作的独特性和新颖性。罗丹说过："美是到处都有的。对于我们的眼睛,不是缺少美,而是缺少发现。"可以说这种潜藏的、一触即发的能力对于艺术作品创作的重要性是无可否认的。因此,人们称这种潜藏的能力为灵感,它是设计师长期积累和受外界环境的激发时突然爆发的创作契机或冲动,有时带有比较偶然的成分,它亦是最能体现设计师天赋和能力的因素。但灵感的诱发、悟性的搜集和运用仅具有这样的天赋是不够的,还应当以深厚的生活积累、较强的艺术内涵修养、特定的感受环境和丰富的社会实践为基础,与社会属性和文化因素关系密切。因此,灵感的激发离不开生活实践和社会实践活动,灵感也是设计审美表达的灵魂和精神所在。

2.2.2 服装设计灵感来源的搜集

1)现代艺术运动和艺术风格的感悟

(1)工艺美术运动思潮(The Arts and Crafts Movement)

1851 年在伦敦的水晶宫举行的第一届世界博览会(The Great Exhibition of 1851)开幕,这标志着现代工业设计的开端。此次博览会上展出的新式的"水晶宫"建筑首次以钢材和玻璃建成,营造了巨大的空间感,其特殊的材料、奇特的造型、良好的采光等特点是工业化的伟大成就,它真正的价值就在于新观念、新材料、新技艺的收获。"时装之父"沃斯设计的礼服也参加了此次博览会。这次博览会刺激了现代艺术设计思想的出现。当时的艺术家和作家莫里斯也深受刺激,他感到缺乏一种从总体出发的工业品的统一设计,在思想上他成为新设计思想的奠基人。不过他认为这些统一而粗陋的产品是机器大生产的结果,因此,他又是机器美学的否定者。他主张回溯到中世纪的传统设计——为少数人设计,同时又受到刚刚引入欧洲的日本艺术的影响。其目的是"诚实的艺术"(Honest Art)。以莫里斯等人为首的工艺美术运动是理想化的、以审美和功能相结合为设计目的,甚至把工业产品认为是毛坯,必须再进行手工装饰。莫里斯身体力行,开设设计作坊,他从一个拉斐尔前卫派画家变成了一个实干的设计师,其影响波及英国与西欧各国,为以后真正的艺术设计奠定了基础。

在服装界,缝纫机于 19 世纪中叶在美国问世,沃斯在巴黎开设了第一家高级时装店,出现了高级女装业(Haute Couture),这些都为现代服装艺术奠定了基础。同时,沃斯亦受到工艺美术运动思潮的影响,他给予设计师工作以肯定,使得服装设计师的地位得到确定,归入艺术家行列。其设计对象基本上是上流社会,风格奢华、时尚。他善于把握面料的属性,讲究服装结构工艺的完美,细部设计的别具匠心,对于传达女性最美的一面有精湛的技术,同时又注重个性化设计,这些都迎合了当时小资产阶层的虚荣心理。沃斯设计的许多服装造型,如 Crinoline、巴瑟尔裙(Bustle)、夜礼服、利用省道分割设计的"公主线"紧身女装等成为高级女装的象征,他决定了时代的审美风格,他的主要贡献是将女性全鸟笼式撑架裙改成半鸟笼式撑裙,这与当时提倡曲线造型相吻合,同时亦暗示了服装的变革和发展趋势(如图 2-1)。

(2)新艺术运动(Art Nouveau)

19 世纪末 20 世纪初在欧美发展的以提倡新的造型式样的装饰艺术运动,影响面从建筑、家具、产品、首饰、服装、平面设计、书籍装帧到雕塑、绘画等纯艺术领域,是一项非常重要且相当有影响力的形式主义运动。其主要目的是掀起对传统手工艺的重视和热衷,但放弃传统的

图 2-1

图 2-2

图 2-3

华丽、繁琐的装饰风格，采用从自然界吸取灵感、形态及美感的方法，比如以植物、动物为中心的装饰风格，东方风格尤其是日本浮士绘的影响，并开始在工作方式上出现了规模化、批量化的工场，这是对现代设计迈向设计的民主化、平民化的又一进步。当时，女装的样式也以动植物为主题，以流线型、优雅的曲线为其装饰特征。上半身用紧身胸衣把乳房高高托起、背部贴身、收腹、翘臀，裙在臀围线以上非常合体，下摆呈喇叭状放开，整体造型呈“S”形曲线，符合了极致的女性人体美的艺术理念（如图 2-2）。然而当时服装设计上的观点争议颇多，在法国聚集了许多高级时装设计师。面对工业化批量生产，面对人们审美观的变化，其争议的焦点是束缚西方女性的紧身胸衣。此时新艺术运动在服装领域的具体表现最终陷入了追求曲线的装饰风格中。

（3）装饰艺术运动（Alt Deco）

20 世纪二三十年代，在欧美进行了一场风格非常特殊的运动，这与欧洲的现代主义运动几乎同时发生，因此无论从设计的形式还是材料的使用上，装饰艺术都明显地受到现代主义运动的影响。是针对“新艺术”运动风格的，反对古典主义的、自然的、单纯手工的倾向，主张机械美学，强调装饰效果。“装饰艺术”运动承认工业化、机械化生产为现代设计的基础，同时它又从古典与传统中汲取营养，在某些方面的风格被设计成大众化的流行产品，因而更加具有积极的时代意义。西方的设计理论家把“装饰艺术”运动称为“流行的现代主义”或者“大众化的现代主义”。

同时期服装设计风格受到舞台艺术的强烈影响而呈现“装饰艺术”运动的特点。法国著名时装设计大师保罗·布瓦列特就是从俄国芭蕾舞团的服装设计师列昂·巴克斯特非常前卫的、紧凑贴身、色彩对比强烈的设计风格中获取灵感，同时，他也受到东方服饰文化的影响，用新的审美形式来改造原来的审美形式，他非常敏感地抓住了时代潮流，于第一次世界大战前夕，第一个废弃了紧身胸衣，发表了不束胸、不束腰的以高腰、低领、窄裙为主的时装（如图 2-3），由原来的“S”形曲线转向直线形。色彩推出了明亮系列，这与简洁的线条和精美图案虽产生了强烈的对比，却能在对比中统一协调。这是服装设计史上的一次划时代的革新。他把服装设计的重点移向肩部，采用大量简洁的衣褶，借鉴东方服饰，如穆斯林头巾、和服、波斯图案、土耳其裤，同时又受到古希腊、古罗马艺术的启发。因而，保罗的设计成功之处不仅在于服饰的风格柔和、简洁、优雅和艳丽，而且更具有一种东方情趣的神秘、精致和浪漫。

（4）现代主义艺术运动

现代主义艺术运动起源于欧洲大陆，是一场针对于传统意识的革命。从哲学、心理学、美学、艺术、文学、音乐、舞蹈到现代设计等不同的领域，都有独特的内容和观念。表现于现代设计领域是具有革命性、民主性、个人性、主观性和形式主义等鲜明特征，企图通过各种现代设计（规划设计、建筑设计、工业设计、平面设计、服装设计）来改进人民生活与社会素质整体水平，充满了理想主义思想。首先表现在现代建筑风格，加之新材料的运用，使得新建筑设计突破了传统建筑风格，建筑设计对于这场运动的发展和进步起到了关键性的促进作用。德国的“工业同盟”、包豪斯设计学院、俄国的“构成主义运动”、荷兰的“风格派运动”都是20世纪初国际现代主义运动的重要内容。由于其风格比较单调，从而也产生出了种种新的设计风格，这些风格都是现代主义及其发展所演绎的内容。

现代主义风格的奠定得益于包豪斯学院的建立和发展，它成为现代设计的出发点。由于德国“工业联盟”的成立，产品“实用”功能受到前所未有的重视，开始了追求过去造型中所没有的机械美，开始了设计的现代化。在这种风潮下，成立了包豪斯造型学院，它统一了美术和设计这两个不同的领域，提倡艺术与技术相结合，以人为设计使用的特定对象，设计逐渐成为大众的、批量生产的现代设计。服装设计亦是如此，服装业也走向工业化成长的领域，单纯为少数人服务的手工业制作已不适应时代发展的需求，世界服装业异彩纷呈的时代已经来临，形成了现代服装艺术设计的现实背景。现代主义运动时期各种风格、各种艺术形式并存且互为影响。从塞尚到毕加索，由古典主义到现代主义，现代艺术的理性结构得以奠基。之后，现代构成主义、波普艺术、蒙德里安艺术、街头文化等艺术风格不同程度地渗入服装设计领域，这种艺术与设计共生共存并互为影响的概念已经深深地烙于服装理念之中。现代服装的艺术设计理论、构成要素、形式美原理、审美意念等大多出自这些现代艺术理念，而现代著名的世界时装大师们亦从这些艺术中启发设计思维，引导一浪又一浪的时尚潮流。

现代艺术对现代服装设计产生了深远的影响，它带给现代服装设计的启示是显而易见的，各种各样的艺术风格在设计舞台大行其道。

以下简述20世纪20~70年代现代艺术风格对服饰的影响。

① 20年代夏奈尔时尚

a. 影响因素

现代主义思潮的影响及妇女解放思想的启蒙，使得夏奈尔时装适合于服装工业进步的要求，适合批量生产。

b. 表现造型风格

简洁、朴素的风格，以仕女装为典型，并赋予了休闲功能，把原来作为内衣的毛针织物用作羊毛开衫与两件套装，并与简洁的直身裙相配。此外还有在海军服上改进的游艇裤、羊绒茄克及缩短了长度至脚踝的夜礼服等。（如图2-4）

图 2-4

c. 色彩及材料匹配

色彩上以黑色和米黄色为基调，金属色手提袋或钱包，配人造项链等饰物。材料上使用羊毛织物，夏奈尔是第一个采用人造粘胶纤维的设计师。

d.其他因素及表现风格

同时期现代主义的服装设计师维奥内特创造的“斜裁”法，利用面料的斜丝裁出十分柔和的适合女性曲线造型的女装，极富动感；另一位同时期活跃的设计师朗万风格浪漫而优雅，常常从中世纪教堂的彩色玻璃画中获取灵感，其作品被称为“绘画女装”（Picture Dress）。

② 30 年代的超现实主义与夏柏瑞丽

a. 影响因素

超现实主义艺术风格，如未来派、野兽派、立体派、纽约达达主义、巴黎装饰艺术等为世人瞩目的艺术风格的影响。

注：超现实主义——受弗洛伊德思想的影响，主张思想及艺术应以表现梦幻境界为潜在意识，摒弃理性主义。

达达主义——否定原有的价值及审美意识，以破坏为手段，追求自由构思的艺术思想，反理性为其最明显的特征。

b. 表现造型风格

夏柏瑞丽是把超现实主义艺术风格运用在服装上最成功的设计师。以超现实的饰品、别致的纽扣，形成 20 世纪 30 年代的流行主题：“丑陋的雅致”。而闻名于世的 30 年代妇女理想形象和服饰时尚——办公室套裙，即是这种主题的典型。它以纤细、修长和合身耐人寻味，从视觉节奏 1–2–1–4 分布的“抽屉”打破了平静的内部结构，而在腹部的“抽屉”吸引人的“第一视线”，给这款典雅的式样注入了丝丝浪漫情怀。这款套裙便是典型的超现实主义大画家达里的青铜雕塑——“带抽屉的维纳斯”在服装设计中的具体应用。这种联系是紧密的，而这“抽屉”又带给人们无限联想，这是对 30 年代女性解放运动的纪念。妇女开始进入社会，这是将“抽屉”喻作女性对人类的奉献而借“屉”寄情。无论哪种解释都会使我们钦佩设计师的独特构思。（如图 2–5）

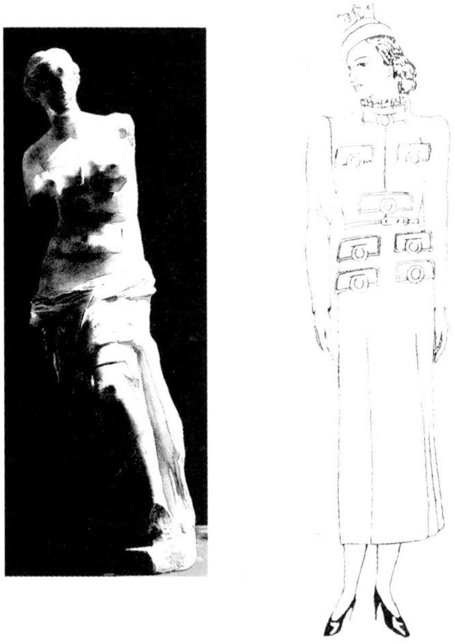

图 2–5

c. 色彩及材料匹配

色彩上第一个将鲜艳的拉链运用于高级女装上，既实用又方便，配以新颖的织物和图案，对比协调。黑色的简洁优雅和梦幻的粉红色等为其经典匹配，对现代艺术有持久的影响。

材料上讲究针织工艺面料。粘胶纤维树干皱、玻璃式丢尼加衫，配饰采用腰带、手帕、领带、拉链，别致的犹如花生、羊头、金鱼或人形的纽扣，细缎花朵，高跟鞋帽，冰淇淋帽等。

d.其他因素及表现风格

格蕾夫人将超现实主义雕塑带入了时装设计中，具有新古典主义风貌。

维奥内特的“斜裁”法诠释了一种纤细、修长、流畅的新风格；拉格菲尔德典型的糕点铺和椅子式的帽子，亦是超现实主义运用于时装的杰作；还有日本著名设计师君岛一郎设计的以时钟为造型的时装，日本三宅一生设计的腋下和背部装饰有蝴蝶式或飞鸟式的时装，法国时装大师卡斯特巴杰克设计的挂满白色粗纱套的短大衣和由棕色丝绒玩具点缀的短外套，这些设计虽然看似荒诞却充满情趣。

现代设计大师佛朗哥·莫契诺说：时装和超现实主义有着非常紧密的关系，因为你在将一件衣服替换另一件时也说明你内心的想法。

③ 40 年代迪奥“新风貌”时代至 50 年代高级女装业的发展

政治背景：二战结束后，百废待兴，人们热切渴望和平，世界正处在一个悄悄变革的时机。迪奥敏锐地抓住这一契机，推出了崭新的强调女性曲线美的服装造型，摒弃了束缚人们的制服造型，适时地领导了时代潮流。

艺术背景：迪奥对现代主义的建筑和绘画极为敏感，同时从画家达利、马逊加考布，音乐家普朗克，舞台设计师贝拉尔，诗人郭克特等艺术家的艺术风格中吸取灵感。

1947 年，发表“新样式”，圆滑、平缓、优雅的自然肩线，丰满的胸部造型，纤纤细腰，宽大下摆的长裙，整个造型优美，女性味极浓，使得人们的审美观迅速从象征战争的男性味转向象征和平、有“回归”味的古典美的造型。

1948 年春，推出不对称裙，并在裙上重叠双层的褶饰，下摆展开如同羽翼，追求一种不对称的平衡美。1953 年发表圆润细长的郁金香形（如图 2-6）

后来迪奥又陆续推出表现女性苗条与高挑的垂直型服装和 A 形、H 形、Y 形、O 形等层出不穷，表现了现代女性味的朴素、简练和运动性。（如图 2-7）

图 2-6

图 2-7

皮尔·巴尔曼的设计思想为简洁与优雅，成为现代女装设计的主流，并引导了时代的审美情趣。他的作品运用建筑思路进行设计，讲究空间感。1945 年发表了“披肩风貌”作品，以简洁适用的外套、纽扣设计于肩部的套衣与裤装搭配，晚装则是饰以泡沫状和花朵刺绣的球状裙子，精致典雅。

巴伦夏加从古典建筑艺术中吸取灵感。1952 年发表了“建筑风”作品，以斜肩、宽松的衣身、宽短的袖型组成帐篷形结构，使用具有古典韵味肌理的面料形式，配以同质围巾和当时最流行的郁金香造型的裙子。它的时装结构精致，裁剪技艺精湛，晚礼服喜好用蕾丝和亮丽图案点缀，偏爱黑色。常常以内在美来体现女性的自然美，对女性背部的细节曲线处理更具有革新之举。

④ 伊夫·圣·洛朗与蒙德里安风格

圣·洛朗的灵感来源于绘画、摄影、歌剧、文学、服装史等，姊妹艺术最典型的当属“蒙德里安风格”、“波普艺术风格”和超现实主义诗人阿拉贡对夏柏瑞丽的颂歌主题“埃尔莎的心灵之窗”等作品。另外他还从各民族服饰中吸取灵感——中国、俄罗斯、哥萨克、吉卜赛等民族风格被融入其作品中，典型作品有“中国风”系列——来源于中国清代的凉帽与马褂，和“俄罗斯风”——来源于斯拉夫民俗服装。因此，圣·洛朗对所有的艺术表现形式都有极强的感受力，而且我们可以感受到那些风格各异、毫无刻板程式却一如既往的情调。

1965 年圣·洛朗推出的齐膝连衣裙，其风格当属“蒙德里安风格”，但圣·洛朗本人却把它归入“波普艺术风格”类，因为他把蒙德里安的纯艺术巧妙地应用到设计中去(如图 2-8)，是一种实实在在的写实主义或“新写实主义”。因此，蒙德里安的抽象作品变成了 60 年代风行的针织裙。“波普艺术”风格又称“新写实主义”或“新达达主义”，属于一种现代艺术风格，通过塑造那些夸张、丑陋和比现实生活更典型的形象来表达一种实实在在的写实主义，在服装上表现为采用大量发光、色彩鲜艳的深层织物和塑料制品等来表现这一风格。典型的有 1960 年圣·洛朗推出的“透明式”——“吸烟服风格”(Smoking Look)和“波普艺术风格”(Popart Look)，用男子的晚宴装表现女性的干练，在黑色衣裙装饰极丰富、极富女性味色彩的裸体或“大红嘴唇”给人以强烈的视觉冲击，这些都是设计师把时装设计与现代主义艺术融为一体的典范。进入 80年代以后，时装设计中常可见到“蒙德里安风格”和“波普艺术风格”的作品，中国这一时期开始流行的棒针衫也运用了这一风格。“超现实主义风格”——“埃尔莎的心灵之窗”(Les Yeux d'Elsa)的夜礼服设计即取之于此，外形仍然沿用 30 年代的纤细特征，但领线、门

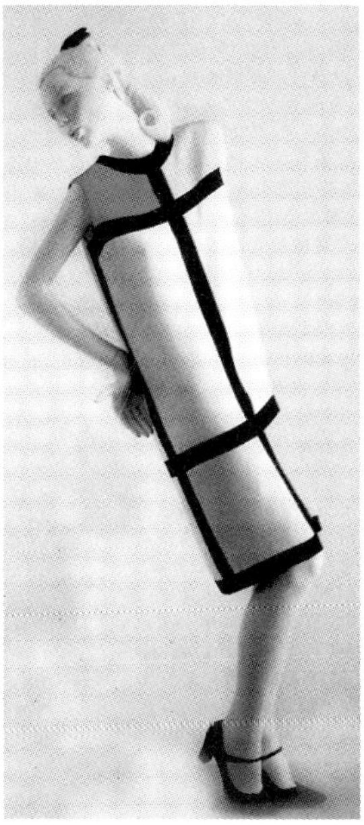

图 2-8

襟、下摆却采用了现代装饰风格，用一小块一小块的金属片珠作为点缀，在手感滑爽、娇艳的绸缎上勾画出惊人的华贵和无比艳丽，这是圣·洛朗作品豪华、精致、浪漫的全新组合再现，位于胸部的眼睛也许正是设计师的心灵和思想。在1988年的时装发布会上，圣·洛朗又成功地将立体派等现代艺术和时装完美地结合在一起，以珠片和珠子装饰高级夜礼服的披肩和上衣背部，飞翔的鸽子用珠子绣出，立于肩头上，与有着波浪曲线的裙装匹配，以深开的V字领让人想象鸽子飞翔的空间。同时他将向日葵移植到贴身礼服上，配以紫色或绿色的双绉真丝裙，可谓匠心独具。

被誉为最灵敏的前卫设计大师皮尔·卡丹以具有金属效果的铝箔色为素材，利用织物结构、印染图案产生的光效应、抽象派绘画的意念、建筑风格的结构、几何外形与细节的呼应等为灵感来源，设计出具有科幻意境的"宇宙服风格"（Losmocorps Look），穿着舒适行动自如的"布袋装"、"气泡装"及"衬裙式西装"和"扇形衣缘"等作品，他还从中国传统宝塔建筑的正檐中获取灵感，设计出"中国宝塔"夜礼服，肩部翘起犹如飞檐，裙身盘绕而下喻指塔的层次感和立体感，加之黑色材料和金属色刺绣、纹样都在诠释一种中国情结。大师喜好白黑、黑红匹配，且能通过色块的比例分配而达到一种有效的节奏关系。这些皆造就了设计大师富有创意、革新的风格，更具备科学的理性分析的气氛。

⑤ 街头文化与"嬉皮士"风格

a. 影响因素

政治因素：

（a）美、苏的对立，国际冷战局势的僵持，人们厌战情绪严重；

（b）中国的"文化大革命"的造反风潮以及没有年龄、性别、阶层区别的军便服及中山装也给西方年轻一代以启示；

（c）科学技术的进步、经济的迅猛发展，大大加速了人类文明的进程，改变了人们的生活方式。

二战以后出生的到60年代均已达到青春期，他们生活富裕，但缺乏精神生活，在快节奏的现代生活下寻求一种情感的平衡以满足心理需求，于是出现了60年代的"年轻风暴"。表现于服饰上是指当代青年无法接受上一辈的服饰风格，以反传统的方式来表现他们的精神面貌。以1966年美国出现的"嬉皮士（Hippy）"风格、法国的"茄克族"、意大利的"国会族"、英国的"摩兹族（Mods）"、东欧的"阿飞族"、日本的"太阳族"等为典型，形成服饰史最为"怪异与离奇"的文化现象，与之相呼应的新潮派电影、披头士乐队的爵士乐及波普艺术、欧普艺术等冲破传统的艺术思潮，同时他反体制、反传统内容中包括反对工业社会带来的对环境及生态的危害，提倡回归自然的思想，这与后现代主义思潮比较吻合，强制性地改变着人们的世界观、价值观和审美观，为高级成衣和服装的轻便化、多样化、丰富化迈进了一大步。

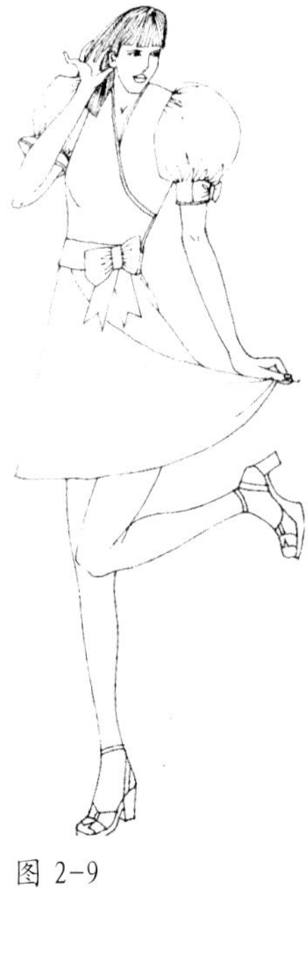

图 2-9

b. 表现造型风格

1965年，由玛丽·匡特（Mary Quant）设计推出的"迷你（Mini）"风貌（如图2-9），裙长缩短至膝上5cm的样式，首先在美国流行，并逐渐风靡整个欧洲。1969 年推出的“热裤”——一种贴身并裸露大腿的短裤，使“迷你”风貌达到顶峰，这样以玛丽·匡特为代表的独富创造性的迷你风貌便逐步形成。此时，另一与“迷你”风貌相映成辉的风格是街头文化影响下的“嬉皮士”风格、“披头士”装束（无领白衬衣，衣服较窄，扣子一直扣到颈部，头发理得较竖立，脚穿长筒皮靴）和带有漩涡式图案的欧普艺术广泛地被年轻人吸收进服装设计中，追求服装的无性别化，把好的衣服剪破，长裤剪成短裤，长袖剪成短袖，对称的改为不对称的，喜好以手工艺装饰、披披挂挂，胸前胸后饰流苏，由色块拼接，其服饰风格独特、怪异、夸张。

在面料方面，他们基于回归自然、反对工业文明的意识，全面排斥人造纤维，只使用棉、毛、丝、麻、皮等自然纤维材料为面料。

⑥ 70 年代以后异彩纷呈的艺术与流行的个性化和多样化

a 影响因素

风靡于 20 世纪 60 年代的超短裙。同时半长裙和长裙也悄悄登场，逐渐形成多样化的趋势。

70 年代的经济不景气及失业问题，年轻人无政府主义的蔓延，表达他们对旧体制的强烈不满，同时亦表现出一种颓废派艺术的印象，逐渐在服饰上掀起一股风潮。

新艺术主义提倡古典主义、罗可可风格、传统的手工艺文明、英国贵族绅士的正统风格等因素的影响，表现奢华、高贵、传统、理智、健康、优雅、柔美、活泼为现代都市职业化女性的典型代表装束。

b. 表现造型风格

穿紧身黑色长裤、条形与马海毛毛衣、皮茄克、重的皮靴，故意将服装开衩、撕破，破坏其原有形状，以安全别针和拉链为特色的反传统、反体制的服饰风貌。代表设计师为英国的维维安·韦斯特伍德（Viviennt Westwood）（如图 2-10），另一位设计师罗兹（Rhodes）以“朋克风貌”为灵感来源，推出的“流行样式”的高级女装赋予了浪漫主义色彩，逐渐这种“朋克风貌”被上升为主流时装领域而得以延续。

图 2-10

现代艺术主义风格用料比较考究，真丝绸缎、提花织物、精纺呢绒等，造型设计带有古典的套装风味，宽褶裙、连衣裙、针织套裙，罗可可风格更具有古典味，强调服装的层次和细节处理，饰以精美的饰物或刺绣。代表设计师有拉克鲁瓦、恩加罗、巴尔、夏奈尔、拉格菲尔德及日本的三宅一生、君岛一郎、山本耀司、川久保玲、高田贤三等。

这个时期以后，出现了各种流派的艺术风格的时装，各个流派皆具有了强烈的个性色彩，这种个性化和多样化的趋势，快速地进入现代服装流行中，对使用者来说，有了更多的选择、搭配的余地。对于表现个人风味的时代也已登上舞台。

除了现代艺术风格的影响，还有工艺美术（图案、刺绣、陶艺、文艺剪纸）、舞蹈、雕塑、音乐、平面构成、立体构成等艺术形式给予服装设计创新思维的启发。例如：设计师对服装立体艺术造型的设计想象多来自于雕塑，我国著名服装设计师吴海燕对雕塑的灵感情有独钟，设计的服装既具有我国传统观念，又具有立体主义效果；既含蓄又完美地表达她的创新思维——人体是活动的软雕塑，且具有比雕塑复杂的活动性，这也表明了设计师对立体艺术效果的深刻理解。

加里亚诺从看到的和听到的景物中汲取营养，他从芭蕾舞中找到灵感，融合了芭蕾的柔美，并与现代时尚的完美结合，亦源于设计师对于舞蹈内涵的了解和开拓。所以说，现代艺术形式时时刻刻影响着服装设计师的创作灵感。服装设计师从艺术形式中吸取灵感，巧妙地表达这些艺术形式之精髓，并能够在服装设计中得以体现，向人们传达着某种信息和理念，引导人们的审美情趣，推动服装潮流的多元化发展。

2）从民族和民俗文化中挖掘灵感

服装设计师对文化、艺术等多方面因素的专业探讨是必需的，其中较重要的是对传统文化、古代文明和全世界其他各民族文化之精髓的吸取并能够合理地运用于服装设计的创新中。我国有着悠久的历史文明和深远的传统文化，但是设计师对于传统文化的吸取不能仅停留于表面资料的把握，而是要将其内在因素辩证地一一剖析：将其所处历史时期的政治、经济、文化、哲学、艺术思想等多方面特征进行系统工程式的融会贯通，方能在设计和创新思维上不断得益、不断涌现出新的发想。当然，我们在吸取传统文化精髓之思想的同时，应注意分清“返璞归真”与“复古主义”的根本区别。复古主义追求的是一切陈旧的东西，肯定传统文化中的所有精华与糟粕，它“以旧为美”、“唯旧是崇”、“倡古为荣”，是地道的顽固传统主义者；而“返璞归真”则属于一种服装美学思想，是追求人类和大自然的和谐统一，是21世纪工业文明后的服装发展趋向，其特点是努力吸收大自然之宝贵遗产，结合传统文化中有利于这一美学思想的发展要素，然后进一步升华。可以说，任何一位服装设计师都想在文化遗产的海洋里和大自然中找到设计灵感，“返璞归真”应视为一种美学追求，是人们对未来美好生活的向往欲望。比较起来，“复古主义”则是单纯的文化翻版，虽然看似有朴素之意，却缺乏新意和潜在的创造力，是设计师所不可取的。显然，时装的民族性问题已经成为现代服装流行的一大话题，众多设计师对此提出了各自不同的见解，始终是见仁见智而难以一致。中华民族五千年的文明历史，服装文化有分也有合，有流行也有禁锢，但是民族服装是中华民族乃至全人类的艺术瑰宝。目前如何树立民族文化的时装旗帜，创出符合中国国情和特色的民族品牌，有待于我国的设计师、服装企业、服装评论家及教育界的努力合作，更好地把握传统文化之精髓，在运用中进行多方面的探索，最终展现其新的生命力和存在价值。

20世纪八九十年代以来的服装流行趋势中，民族风格作品如非洲热带风格、印度风格、日本风格、柬埔寨风格、越南风格、中国风格等占了较大的比重，尤其是东方风味的作品成为时装流行舞台的主流风格。中国纹样如龙、人物、宝塔、纹饰、图案、古典文化等题材不断被世界著名设计师运用，中国传统工艺如镶、滚、绣、盘钮等技艺也已被融入其作品中反复使用，中国传统五大正色的经典匹配如红与黑、黑与金等则又勾起了设计师对于高级礼服的联想。具有浓郁韩国风味的服装以及正在崛起的日本设计师推出的日本风格的民族作品一起在世界时装舞台上崭露头角。设计师们把各种不同背景的文化素材融会贯通，有时你并不能直接感受是哪一种风貌，但能真真切切地感受到民族的韵味和新鲜感。同样，对于西方来说，具有异国情调又幽远古朴、极富内涵的东方服饰文化正好符合当今乃至21世纪的服饰主流——回归自然，因此东方风格的服装受到世界的关注与青睐。

我国有55个少数民族，蕴藏着极其丰富多彩的民族服装文化。少数民族的服装、装饰、纹样、图案、色彩、刺绣手工技艺等经过漫长的历史演变和民族融合都成为精美绝伦的艺术品，非常之珍贵，值得我们借鉴。比如，我国云南的拉祜族服装是一种南北方少数民族文化互相渗透、融合交流而成的服饰艺术，尤其是其女装成为民族文化融合的典范，它在北方民族矫健、粗犷的风格上糅合了南方那特有的秀丽、典雅的韵味，突出体现了其民族意识、个性和审美意识。黑色长袍内着大脚裤，自腰部始两侧开衩，这是典型的传统北方风格，而在领口、覆肩、裤脚、偏襟、袖口及开衩处都绣有或缀有粉红、大红、浅蓝、粉绿的精美图案，让人强烈地感受到江南水乡雅致、清纯的文化意境，再配以数米长的长巾缠头，自然地垂于腰际，突出强调了民族特性。可以说，拉祜族女装蕴涵了众多审美因素，可与当今时尚媲美。从造型上看，拉祜族女装丰富的层次和H形线条简洁、大方、流畅，具有极强的节奏感和韵律感，至腰部的开衩使整个造型富于动感，极其洒脱、自然；色彩上，黑色配以自然界鲜艳的色彩更显绚丽多彩，为江南美好山水写照的隐喻；装饰上，民族特色的刺绣和点缀使得整体造型充实丰富，具有巧夺天工的效果和独特的气质。再从苗族中找找灵感，居住于中国大西南的苗族有100多个支系，其服饰文化是苗族文化中最精彩的部分。式样风格各异，有贯首装、无领装、高领装、矮领装、对襟装，袖有大、小、长、短之分，下摆亦有圆摆、方摆之别，有前长后短、前短后长之规律。裙子有带裙、超短裙、百褶裙、长裙、筒裙、片裙、裤裙等造型风格，且能很自然地都符合现代形式美规律。另外，苗族的传统手工技艺——蜡染、刺绣和装饰物可谓其服饰文化中的绝妙之笔，工艺水平炉火纯青，图案十分丰富，各种动物、植物、几何形图案皆富于变化，有写实的、有写意的、有夸张变形、有简洁明朗，有时一幅图案乍看上去像一条鱼，再看是鸟，图案互相穿插，巧妙地组合后看上去又变成另一种动物，正反颠倒皆有一番不同情趣。这些传统技艺加上本民族广博的文化内涵，与现代服装艺术的内涵是互通的。因此，现代服装艺术的发展离不开这些民族艺术的结晶。

从世界范围来看，亦有许多不同民族有着各自不同的客观因素，他们不同的文化和社会背景又大大影响并制约着其审美观念，但他们的民族服饰文化同样也被融入了世界潮流之中。印度的沙丽、日本的和服、韩国的长衣、印尼的藩筒、波斯图案等被世界各地的设计师所采用，带有浓厚民族色彩和民俗风味的时装，在其他不同国家和民族中流行（各个国家、民族间的互相交流、融合已日渐繁盛）。被时装界誉为“色彩及织物的魔术师”的意大利服装设计大师米索尼的“黑色非洲”系列，以非洲风格的长裙为主体，黑色面料上交织着红、白、绿、金黄、宝石蓝等各种色彩条纹，醒目而夸张的手工艺风格的非洲民族图案，极富浓郁的非洲土著特色，清一色梳着黑色卷曲的羚羊角般的马尾辫的黑人模特伴随音乐载歌载舞，形成了一股明亮的带有非洲野性气息而又不失艳丽、强烈的动感风潮，是典型的非洲文化与现代设计的融合。总的来说，服装的民族化虽经不少设计师反复切磋、争论，但其发展的总趋势是极度表面化的民族特征的时装愈来愈少，而代之以民族文化内涵增多及服饰中多民族的民族性的相互融合，才能使现代服装设计艺术最终实现其生命力和存在价值，切切不可从传统文化中生搬硬套素材，应当合理取舍，多方面探索。一句话："继承传统不拘泥成规，具有现代气息而不张狂无度。"

3）联想艺术语言和仿生设计

（1）联想艺术语言的运用

联想艺术语言的运用是自然审美在服装设计中运用的重要形式语言，它摒弃了单纯的模仿形式，不仅具有自然的"形"，还传递着由联想引申出的"神"。由传统审美的"模拟"向现代审美的"表现"转变是自然审美意识对现代审美的诠释，是连接设计悟性和构思雏形的纽带。从图形联想产生构思，从绘画作品联想产生构思，从原始森林联想产生构思，从建筑上联想产生构思，还有音乐、舞蹈等艺术形式及自然界万物生灵所产生的构思等等。著名的悉尼歌剧院是仿生设计中比较形象的联想、再组合创新设计的产物，它的一个个堆叠的壳体形象给人以多种形象的联想：盛开的花朵又似橘子瓣、贝壳、船帆，还具有简洁的几何形组合特征，整体地抓住融合环境的大调子，同时又具有现代感，因此被喻为"现代设计之精髓"。

服装设计中联想艺术语言广泛运用，设计主体宁要曲折而不要直率，宁要模糊而不要分明，并广泛地从新艺术风格、街头艺术、民族民俗风貌、古典主义思潮、复古风貌、高技术风格、装饰主义、自然生态主义中汲取灵感。这些艺术风格广泛的表现性的"模拟仿生"是非客观地真实记载自然形态，表现的是自然神韵和内在精神。联想艺术语言只是搭起艺术和自然的桥梁，它创造了艺术环境氛围、连接了服装细节和整体间艺术沟通、赋予形态以意象或抽象的形象而提升设计了深度与文化品位。在 19 世纪至 20 世纪服装的变迁中，S 形曲线随着裙摆和裙撑的变化被赋予了许多种文化艺术内涵（曲线美、富贵、典雅、时尚、美丽、性感等等），人们的联想创造力可谓丰富之极。设计师总是对各个国家的传统文化和民族文化有着丰富的联想并且能够与时尚潮流相结合，如伊夫·圣·洛朗"中国风"的题材等，表现西方人对中国文化的一些理解，这些时装或是给人以古典的文化感染，它们的风格缺乏欧洲古典风格的华丽，给人以自然美的清新气息，或是感觉生动、流畅，感受着两种文化内涵的碰撞和交流，体味着异域流行时尚的内涵（如图 2–11），这就是时装仿生民族文化的意蕴所散发的魅力。

图 2–11

因此，服饰的仿生设计所蕴涵的内在元素使人们看到了服饰与自然界动植物共有的东西。自然的形态是客观存在的自然物的天然形态，不是某个艺术家的艺术作品，那么人们看到这种形态时产生的美感则是由人们自己倾注的感情所引起的。然而服饰艺术和“纯艺术”不一样，它的造型形态的艺术美是以人为本的，它的审美对象不是服饰本身，而是使人变得更美。

（2）服饰具象仿生设计

具象仿生设计是对自然生态系统的物体形态进行直接模仿或借鉴，以象形为目的的仿生设计，是自然生活的再现造型、色彩、图案或服饰品的仿生设计，力求最大限度地真实记录和描绘生活中鲜明实在的形象，是设计师对于生活中美好事物的思想感情的寄托，表现的是一种纯天然的美感，其设计风格生动活泼，直观明朗，又形象生动，富有亲和力。首先从造型上来看，著名法国时装设计大师克里斯汀·迪奥于 1953 年推出的郁金香形即是服装造型具象仿生设计的典范。把胸部向横向扩大，直接与袖子连接起来，圆形肩线直接与袖子连接的上半身呈郁金香形和下半身呈花茎形的裙装的完美搭配，使得这套经典服饰犹如郁金香一样散发出迷人的魅力。这种仿生设计产生的艺术效果和给人的美感与郁金香花给人的美感有共通之处，反映战后人们渴望和平、对自然的留恋和求美的心理。

著名设计师三宅一生从燕子的尾巴形状得到设计灵感，创作设计了燕尾服礼服套装，寓意生动活泼，但又不失庄重（如图 2-12）。喇叭裙及蝙蝠衫等服装造型也是具象造型仿生设计的直观体现。童装的仿生设计尤为具象，惟妙惟肖，生动可爱（如图 2-13）。

图 2-12

图 2-13

（3）服饰抽象仿生设计

抽象仿生设计是以大自然之造型作为形式造型设计之源泉，从细密、具体、形象的形状逐渐演变成单纯、抽象的形状，而后采用联想、创新思维来完成服饰设计构想。抽象仿生设计是现代主义艺术影响下的结构主义在服饰设计中的表现，几何线条的运用占据了主导地位，有规则和不规则的，有确定的仿生原形或不确定的形式，它的高级形态是表现于服饰空间理念的延展，其创作具有一定的偶然性。由于自然界中并没有简单的线、圆、三角形及正多边形等比较简单之形状，因此人们需要归纳出单纯的形象，创造出一系列几何形状，进而进入了充满创造性的新设计时代。很久以来，人们以大自然之造型作为形式造型设计之源泉，而后脱离了这种“写实再现”在脑海里运作，采用联想、创新思维之设计构想。首先设计的基础是从细密的、具体的、形象的形状逐渐演变成单纯的、抽象的形状，于是人们依据人脑中对于自然界复杂形状的联想，归纳出单纯、简单的曲线，进而创造出圆形等几何形状，进入了创造性的新设计时代。然后把这些视觉审美元素采用一些形式美原理，诸如对比、混合、分割及分割后再组合（运用重复、渐变、集散等手法）成一些与本来视觉所见并不相同的形象，其中的内容表达了一种节奏感和秩序美，并包含了设计师的情感、美感、思想观念等因素。设计作品强烈地表达了设计师的思想内容，具有特定的象征意义，其造型可谓千变万化，生动感人，寓意深刻。这些设计思潮起始于20世纪二、三十年代欧美流行的装饰艺术运动思潮（Art Deco）时期。设计师不再沿袭过去繁琐的装饰，而以简洁、明快之几何曲线为设计主题（如图2-14）。

图 2-14

（4）意象仿生设计

意象仿生设计是介于具象设计与抽象设计之间的一种设计手法，它所表达的美学观点更注重精神境界与哲学人文观点间的联系，主要以"形"表"意"，其领悟诠释自然界的无穷魅力和万物之灵性，以简洁流畅之线条和极富主观之色彩的组合表达设计师所要表达的意境和情趣。意象仿生设计实际上是间接的仿生设计，它可以不"形"似却很"神"似，它要求设计师必须富有丰实的情感去联想创新，可以说，它是服装仿生设计的深化和升华。在这里我们提到的联想与创新设计语言在服装仿生设计中有着广泛的运用，这是由联想与创新设计语言本身的内涵及特征所决定的，对于自然界生物体引起的联想由此而产生的某种认知意境或心理感受“枯藤、老树、昏鸦”的孤独与凄凉之感，奔腾的江水的欢快愉悦，鸟类美丽潇洒。再如，看到红色，使人联想到火红的太阳、升腾的火焰、鲜红的玫瑰花，但它在不同环境所产生的心理认知是不同的。穿上红色的服装使人感觉活力和激情，在冬天可以在心理上增强御寒感。但是同时它又是鲜血淋漓的象征等等。这些都是通过人的理解、想象才联系到情感。通过联想，扩大对物体的感知和再认识，具体设计中的形体、彩色、线条等的组合所诠释的形体之外的意蕴。我国写意国画、书法和诗歌即是表达这方面境界的典范，如“青箬笠，绿蓑衣，斜风细雨不须归”，高雅清净的意境是将植物元素运用于服饰，体现其中的文化特质内涵和情趣的。清人杜仲的诗句：“苗姑细眉如柳叶，黑裤蓝边似新月；青帕重叠台重岭，十五跳月如飞燕。”可以看出，从自然界的表面形态（自然形态、人造自然形态）找出具有单一秩序美感的元素，如树叶被风吹拂飘落过程的轨迹而形成的曲线在服饰设计中就会产生生动的情绪，整个服饰的静态被打破而富有流动感（如图 2-15）。因此服饰意象仿生设计是通过服饰组成要素语言向人们传达一种文化、一种精神境界、一种感受和认知。

图 2-15

因此可以说服装设计中的仿生设计受到了服装大师们的热烈推崇，也广泛地受到消费者的欢迎，它是由于现今环保因素的制约，才能够使人们体验到回归自然的感觉。羽毛、花卉的五颜六色、千姿百态呈现的色彩美和形态美；仿裘皮的毛皮光泽、柔软、舒适，呈现华丽美。仿生设计使得人们切身体会到大自然美的存在，更使人们感觉到人既是社会的人，更重要的是自然的人，这些都印证了法国设计大师科拉尼说过的话：设计应先尽量遵从于自然法则，我们必须向自然界学习，使它和人类的才智融为一体。

4）以基本款式和比例原理构思

比例是构成任何艺术造型的尺度，是决定服装设计造型各部位相互尺寸关系呈统一状态的重要因素。成功的设计作品总是蕴涵着合理的比例尺度，这个比例的理论应用于服装设计，即使用者身高与衣长、袖长、裙长及缝制线间的比例关系，合理地安排被分割的各部位的面积大小的比例关系，肩、胸围、腰围、臀围、下摆等与适合人体的松紧度（服装外形的变化）间的比例关系，部件（领、袖、口袋等）的长度、宽度、大小、面积、色彩、图案、拼接间的比例关系。黄金

图 2-16

比例：1:1.618。根号比例：1:1.414，1:1.732，1:2，日本率(1:3:5:7:9 等级差数比)等比例常被运用于服装设计中(如图 2-16)。我们可以将这些基本式样和比例关系灵活地运用于服装制作之中。如：二战以后，迪奥推出“新样式”，接着推出垂直线条形、郁金香形、H 形、Y 形等，10 年间一直深深地影响着女装的潮流；而在 20 世纪 80 年代中期发表的“美人鱼”形对于现代紧身搭配的流行起到促进作用。现代流行的多极化对于款式变化的要求更高，形状和线条总是在不断变化。所以说，这些基本形亦成为设计构思的来源，新的流行情报、预测、新的款式也因此而产生。

同样，美好的线条、节奏、韵律、调和往往通过适当的比例来完成，由黄金比率、根号比例等派生出相近的服装设计优美比例(如图 2-17)。

图 2-17

图 2-18

5）以材质和肌理为发想

服装的材料以纤维织物为主，质感和纤维结构花色等是其最重要的特征，对于服装类别、用途、印象等，素材将是表现这些特征的最有效的途径。联想各种材料性质与之结合，可以开发出积极效果，并注重其他天然材料及合成材料与之匹配运用，如塑料制品、玻璃品、金属品、合成橡胶品、合成纤维等。(如图 2-18)

以上分析了服装设计构思的源泉和联想，设计师要想创造出符合现代和未来流行趋势以及适应时代的服饰文化理念，就必须潜心发掘创造源泉——灵感，并充分发挥创造力，运用独特的观点、最新的见解去开拓和创新。

2.3 解构创意的思维方式

2.3.1 服装设计创意的解构元素

时装设计是一门视觉艺术，是通过塑造造型这个独特的语言形式来传达情感和信息，并以一定的艺术手法、依照一定的艺术规律对特定材料进行处理、组织、结合的产物。那么服装设计遵循什么样的艺术法则、使用什么样的造型手法和元素来进行创作，考虑流行、社会环境与其他诸多因素的影响作用。因此，服装设计的创意是一定的时代性、社会性和个性化的总和，其构成元素如下：

构思（Conception）—— 设计构思是服装造型设计的原动力。

创新（Make innovations）—— 设计师个性的表达与造型美的完美结合。

材质（Material）—— 设计选用的适当材料的实用性与美感的结合。

色彩（Colour）—— 经典色彩组合、匹配给整个设计锦上添花。

结构（Construction）—— 材料的创新和装饰点缀为创造新款式奠定基础。

技术（Technique）—— 传统技术、现代技术、新技术、高科技的协调。

使用（User）—— 对于使用者的喜好、运动、感情、感觉、体态等因素，设计师应追求其最适合的（Fit）设计。

配饰（Decorations）—— 服装造型设计的辅助配件设计，虽是配角，但亦不可小视，这些装饰、衬托有时会有“画龙点睛”的艺术功效。

环境（Surrounding）—— 服装的时效性很强，因此对环境和季节设计师应着重思考。环境可以分为社会环境和艺术环境。

2.3.2 服装设计的创意过程

服装设计的创意过程见图 2-19。

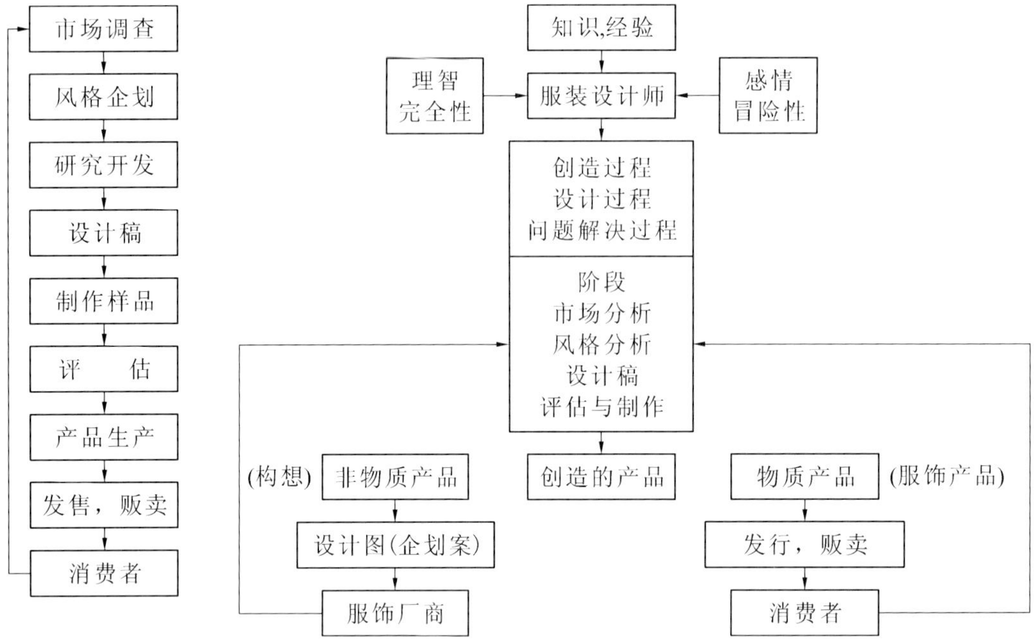

图 2-19　服装设计的创意过程

2.3.3　服装设计的创意构思和审美表达

我们都知道,服装设计艺术美的表现离不开五大要素:款式、面料、色彩、工艺结构技术和配饰。款式体现着服装的外观形态美和内部细节美的变化;色彩体现着服装表层视觉效果,是直观表达服装设计视觉冲击力的审美因素;面料是综合实现设计审美目的的必须条件,同时体现着服装生理功能美和服用美;工艺结构技术是具体实现这些综合效果的重要工具,也传达着细节的魅力;配饰可以使服饰的视觉效果和整体搭配更加协调、鲜明,突出表现了点缀的"画龙点睛"的艺术价值。五大审美要素互为联系互为影响,共同构建了服装设计审美的视觉传达和功能部分即服装设计的艺术美和功能美,是跨产业与艺术、融实用与装饰的综合审美形态,并折射出政治、经济、科技、文化、艺术、民族、民俗等多方面的内容。为体现这些特征因素,设计师以款式、色彩、面料、工艺、配饰为基本表现形式去挖掘和创造,以期达到创造出符合现代趋势和潮流的服饰审美文化,一般灵感来自外形的构思(如迪奥的 H 形、Y 形)、来自服装史的构思(如 20 世纪 60 年代的"嬉皮士风格"、"迷你裙"在 90 年代日常服中的运用)、来自平面或立体艺术的构思(绘画、雕刻)、来自自然的构思(仿生艺术设计)、来自艺术思潮和风格的构思(如蒙德里安风格、新达主义风格)、来自民族和民俗的构思等等。

所以说,创造性思维源自于生活、根植于生活,在生活中寻求和激发创造欲望,因此注重培养细致的"洞察力"(主要指对周围环境和生活的敏锐洞察、锤炼并开拓设计思维的创新意识)尤为重要。目前,我国的设计师表达其设计意图是不成问题的,但仅具有这样的技能是不够的，还须有一定的造型能力和较强的综合艺术修养，这在服装设计师一节已详细讨论过。因此，设计师在创作、构思时，一方面须体现自己鲜明的个性风格，另一方面又要体现对自然生活、社会生活的独到理解，两者互为融洽。这样的创新构思才能源于生活、根植于生活。所以说设计师寻求创新思维的灵感并非一件很难的事情，无论去到哪里，都能从周围生活得到启示。以上是对创新构思来源的总结、分析和探索。

2.4 服装设计原则

2.4.1 现代服装设计的定义

现代服装设计是对人体着装状态的一种设计，是一项以服装的适用性（普遍性：无论任何人都得穿）、经济性（商品性）、科学性（自然科学和社会科学）、艺术性、流行性、时代性等等因素的有机结合；是素材的人化，作为表现人体、设计美感的一门艺术，它以穿为表达方式，选择素材、运用某种表达技法，综合协调服装与具体穿着者和观察者三者，能够艺术化地体现设想的实用化过程。它包括服装款式设计、结构设计、色彩设计、图案设计、配件设计以及与服饰有关的辅助设计。

2.4.2 服装设计原则

1）经济实用原则

自从人类有了衣文化以来，人类的生存基本需求为“衣、食、住、行”，“衣”是第一位的，服装成为人类必不可少的基本需求，在物质并不丰实的年代首先必须解决“温饱”问题，“温”就是指穿衣的必须性，它保护着我们的身体免受蚊虫叮咬、防止日晒雨淋以及保暖御寒，另一方面服装遮盖着人体羞耻部位，延续着人类的衣文明进程。

因此，服装是供人们穿着用的附着物品，它必须在各方面和它的目的性相吻合，也就是说，服装的首要功能的本质是适合人们生活的基本要求，因此，它的功能必须是可用的和可信赖的，同时也是人们有物质承受能力的，即便宜的，我们现在所说的“价廉物美”就是对服装的经济实用原则最好的概括。

具有象征意义的现代主义设计艺术思潮的诞生地德国魏玛共和国时期的包豪斯造型的学院首任院长格罗彼乌斯在他撰写的著作《包豪斯产品的原则》中对产品首先应当具备的经济实用性原则做了论述：“首先要研究它的本质：因为它必须绝对地为它的目的服务，换句话说，要满足它的实际功能，应该是耐用的、便宜的，而且是‘美’的。”这种对物体本质的探索，是通过全面考虑现代的制作工艺方法、结构以及材料，从而产生形式。

2）商品性原则

现代服装市场上不断推出流行，商家利用各种营销手段、各种媒体宣传和展示其新作品，目的只有一个，促销刺激消费，让消费者接受和认同你的设计作品，达到最终的商业效应，美国的罗维是一个高度商业化的设计家，对于他来说，最重要的不是设计哲学、设计观念，而是设计的最终经济效益，他说过："对我来说，最美丽的曲线是销售上涨的曲线（There is no curve so beautiful as arising sale graph）"。

因此，服装设计不仅是单纯的美学原则或设计理论的哲学，而且其商品性也不容忽视，能够得到社会的认可，创造效益，符合大多数人的消费愿望，是现代服装设计的理想目标和追求。

3）功能和效用原则

服装设计与人们的生活息息相关，人们需要使用设计的手段来使服装穿着更加舒适和漂亮。因此，随着我们生活质量的变化，服装的功能和效用需求也在不断提高，尤其体现在使用高科技的手段改变纺织材料的物理特性来适应现代人的生理和心理需求，以及适应环境和主流艺术潮流的需要。服装效用功能性是指人们使用服装功能性的变化性，如内衣的透气性和吸湿性，外套的防风性，宇航服装的抗辐射性，服装材料与人体皮肤接触的舒适性、服装与外部环境的热交换性、服装的卫生性等等。

现代主义设计师提出的观点"形式服从功能"很好地表现了服装的功能和效用原则在现代生活中的重要性，背离功能美的服装难以有真正意义上的长久生命力的审美形态，这也不是我们所提倡的健康的审美形式，效用功能和审美功能最终将走向统一。

4）艺术性原则

服装是被传统文化所界定、覆盖于人体表层并体现限定区域的群体特征和个体性格特征的形态，是具有限定区域群体的特定功利目的和审美观的统一体，兼有实用与艺术双重的品格。

服装设计的艺术原则是指在进行设计过程中所运用的艺术元素和最终服装成品视觉效果所具备的艺术性，是用美学理念或审美精神来主导设计创作过程。消费者在穿着和使用过程中所感受到的视觉美感和心理感知上的愉悦，使得服装符合与之相协调和适应的消费者的艺术品位和审美情趣，达到服装设计师的创意（设计师独特个性、审美意境和灵感的诠释）、服装各艺术元素（造型、结构、色彩、面料肌理、图案以及装饰配件）与设计受众（目标消费群体的性格趋向、兴趣爱好、文化品位和职业环境等）三者之间的统一关系，这样服装设计艺术美的表达才具有文化深度、代表内涵、装饰与审美艺术等。

5）合理性原则

现代服装设计的合理性体现在自然科学和社会科学两个方面。自然科学是体现人的卫生、人体、生理方面的因素，设计时必须选择适当的材料合乎人体结构和适合人体活动机能为前提，完善服装对人体的保护和保健功能。社会科学表达的是社会规范如个性、社会、环境等方面的因素，强调人与自然的统一性，掌握社会大众审美要求和时代脉搏，合理地表达现代审美或传统审美交融的范畴。服装的高级需求是体现美观、个性的艺术性和好用、舒适的效用性的合理协调。

2.4.3 服装设计的要素

服装设计的要素为(5w·1P)——对象(Who)、时间(when)、地点(Where)、目的(Why)、设计物品(What)、价格(Price)。

(1)对象(Who)—— 即设计的主体对象——使用者——人,掌握使用者的主要特质是设计最优先考虑的基本要素。这个基本要素的特征为:年龄、性别、职业、喜好、个性、体态、肤色、脸型、发型、生活方式及使用者本人对流行的理解。

(2)时间(When)—— 现代服装的季节时令性很强,我国国内四季差异明显,若须发挥设计的最佳效果,很好地掌握消费者的季节细分十分必要。

(3)地点(Where)—— 服装使用者的使用场合会经常改变,设计自然须根据不同场合对待,家居服装、职业装、工作服、休闲服、礼服;而不同民族、不同地域、不同宗教、不同文化的差异亦被列入设计应考虑的范畴,自然其搭配的材料、色彩、款式也有所不同。

(4) 目的(Why)—— 现代服装设计的目的,除了合乎使用者服用,还应能表达使用者的爱好、个性、倾向的理念,最终被使用者所接受和认可,这个原则又称为适合原则(Fit)。在现代服装设计中,不少设计师总是向人们展示新近的流行风潮,并将这些流行融进自己的个性设计风格,同时将着眼点放在消费者的心理诉求,这样就比较容易使消费者的心理具有亲近感,从而达到拓展自己目标市场的目的。

(5) 设计物品(What)——现代服装设计的内容、形式及所表达的情理机能和物理特性。比如,材质的耐久性、质感、肌理特性、染色的稳定性、后整理及技术尺寸等特征是完善的现代设计的重点。

(6) 价格(Price)—— 以消耗最小完成的最大效果,材料的搭配、管理、时间的控制、整体宣传策划这一系列预算的精节,以便获得最大效益的设计和丰厚的利润。

思考题

1. 服装设计文化的表达。
2. 服装设计灵感来源的搜集。
3. 服装设计的原则及表现元素。

3 服装色彩创意

学习目的：

学习本章内容，学生应该掌握：

1. 不同色相的色彩的性格特征及人的色彩心理反应；
2. 色彩的搭配关系及在服装中的应用；
3. 根据现实生活及文化艺术等方面的相关色彩主题，提取色彩用于服装设计；
4. 了解把握不同时期的色彩流行趋势，在服装设计中体现色彩的时尚特征。

3.1 服装色彩的基本原理

3.1.1 色彩的基本特征

早在古希腊时期，柏拉图、亚里士多德等人就开始了对色彩的研究。1666年牛顿做了著名的色散实验，发现了七色光谱，1730年莱·布朗发表了红黄蓝三原色学说……直到现代完整的色彩体系，这说明色彩是一门值得大家研究的学问，它可以涉及物理学、光学、心理学、生理学等多个方面。这些因素综合起来对设计的影响是值得设计师在设计过程中推敲的。

确定一个色彩只要有三个方面的标准就可以了，这也是表现一个色彩的三个要素。一是色相（色彩的相貌，属于哪种颜色）；二是明度（色彩的明暗程度）；三是纯度（色彩的饱和程度，纯或不纯）。同一种色相的颜色因为明度和纯度的变化就能产生无数种微妙变化的色彩。（图3-1，图3-2，图3-3）

色彩又可分为有彩色（各种色相的色彩）和无彩色（黑、白、金、银）两大类，每一种色相都具有鲜明的个性，人能对不同的色彩产生明显的情绪反应，也就是人们常说的色彩情感。

红色是热烈、冲动、兴奋的色彩，它能引起观者的充分注意，有很好的明视效果，也用来表现有活力、积极、热情、温暖、前进等精神，含有喜庆、富贵、警告、危险以及与火有关的含义。浅红色一般表现为温柔、浪漫、甜美的比较女性化的视觉效果。深红色一般有比较沉稳、坚实、深沉、郁闷的视觉效果。

图 3-1　绿色的推移变化

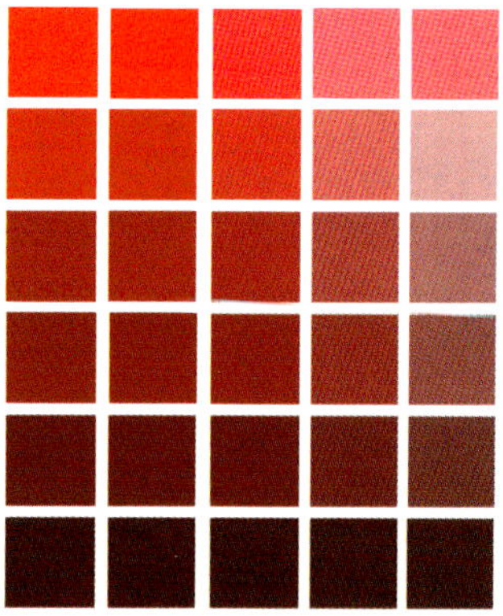

图 3-2　红色的推移变化

图 3-3　白到黑的推移变化

绿色常象征着生机、自然、健康、生长、平和、清凉等含义。鲜艳的绿色看起来非常美丽优雅、生机勃勃。绿色与黄色或蓝色调和，色相会产生明显的变化，黄绿色比较单纯年轻，蓝绿色则比较宁静清秀。

黄色非常明亮鲜艳而又显得较透明轻盈，它同时也具有和鲜红色类似的明视效果，非常吸引注意力，所以在许多警视效果的符号上经常使用了这两种颜色。黄色具有活泼、快乐、光明、辉煌、娇艳、幼嫩等视觉感受，也象征着富贵、权力、朝气等。黄色与深色搭配则个性越明显，与浅色搭配则比较平淡一些。

蓝色是大海和天空的色彩，具有博大、深邃、沉稳、理智、永恒等象征意义。蓝色也是最冷的色彩，在现代许多商业设计中，它被广泛用来表现与科技、效率、规范、理智等特征相关的象征意义。同时，蓝色也被运用于许多男性化的设计中，尤其是比较深和偏灰的蓝色，它看起来非常符合男性沉稳理智、大度的性格气质，而用于女性化设计的蓝色则更多地表达出冷艳的美。

橙色介于红色和黄色之间，它也有非常高的明视效果，在许多救援用品中都使用了橙色。橙色看起来乐观、活泼、温暖、喜庆、富丽、炽热等，使人联想到秋天丰硕的果实。橙色经常被用于运动风格的服装。

紫色是色相中最暗的色彩，视觉上明视效果较低，显得有些神秘、忧郁、消极。但鲜艳而明亮的紫色则看起来具有柔美、优雅、冷艳的女性化气质。在某些场合，紫色也象征着高贵、地位等，这一点在我国古代的官服中有很好的体现。

褐色也是深受人们喜爱的一种常用色彩，它常表现出原始自然、古典优雅的气质，同时它看起来比较温暖成熟，是一种表现力很好的色彩，尤其适合中老年人的气质性格。

黑色是明度最低的色彩，它具有庄重、沉稳、深邃的意象，所以现代设计中黑色是一个使用得非常广泛的色彩。黑色在服装上体现了庄重正规、内敛高贵和冷酷的特点，同时它与任何色彩搭配都能比较容易取得良好的搭配效果。黑色也有强烈的收缩感。

白色是明度最高的色彩，非常明亮轻盈，给人洁净高雅的感觉。作为无彩色，它可与任何色彩搭配使用。

灰色介于黑白色之间，具有多种明度。总体来说灰色具有柔和、高雅、中庸的意象。在现代设计中灰色常用于表现科技工业，具有金属感的现代气息等，灰色同时适合男女两性的气质特征，因为它本身就是无彩色倾向的。

金银色是两种特殊颜色。虽然它们同属无彩色，但是看起来金色类似黄色，银色类似灰色，它们最有特点的就是具有金属质地的光泽质感，普通的颜色是很难达到这种效果的。服装面料的金银色也大多添加了特殊的色浆或涂层，也有的直接使用金属丝甚至是真的金银材料。金银色的使用会给服装带来奢侈、华丽、炫耀、辉煌、高贵的感觉。其中银色也常用来表现未来、现代等相关的一些特征。

使用于服装的色彩除了具备以上特征外，还和面料的质地纹理有极大的关系，比如纯黑色的棉布和纯黑色的皮革在视觉上的感受是有很大差别的。另外，由于服装所涉及的相关学科，服装色彩还牵涉到心理学、美学、社会学、民俗宗教学等诸多方面的因素，在服装设计过程中这些影响色彩使用的因素都应该得到重视。根据所要表现的服装效果来选用相应的色彩，才能达到理想的效果，同时还要注意色彩在搭配使用时的一些关系和特征，这样才能使服装的色彩达到最佳效果。

3.1.2 色彩的搭配关系

1）色相对比关系

在艺术领域通常用色相环来表示常见的各种色相（图 3-4），将常见的红、橙、黄、绿、蓝、紫及相间的各色按秩序排列就得到一个色相渐变过渡的色相环。根据不同的搭配关系，可以归纳为以下几种色相对比关系：

（1）同类色对比

是在色相环上以同一种色相为基础的不同明度或纯度色彩的对比搭配。这种配色关系是最容易达到和谐效果的方式。同类色对比的色调统一，具有含蓄、稳重、朴素的美感，但也容易出现含混、单调、平淡、呆板的缺点。（图 3-5，图 3-6）

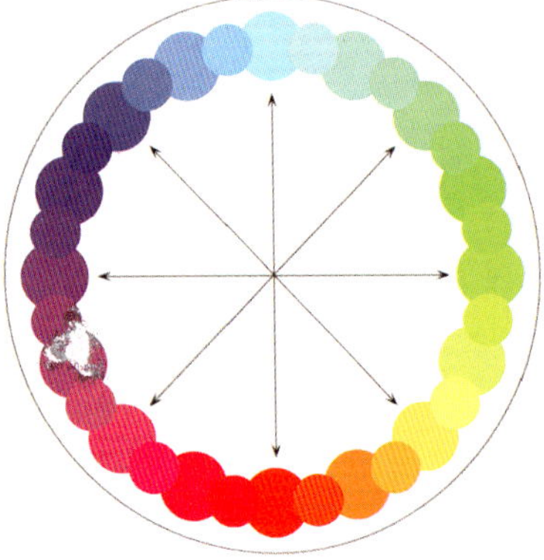

图 3-4　色相环

图 3-5　同类色对比以同一色相为基础

图 3-6　同类色对比效果

(2) 邻近色对比

是在色相环上相邻的几种色彩的对比搭配。大约在30度左右，都含有同一种色相的色彩，比如红和橙红。这种对比关系也是比较协调的，邻近色搭配的效果对比差，柔和、文雅，但容易产生单调、无力、贫乏的缺点，可以通过调节明度和纯度来加强对比效果。(图3-7，图3-8)

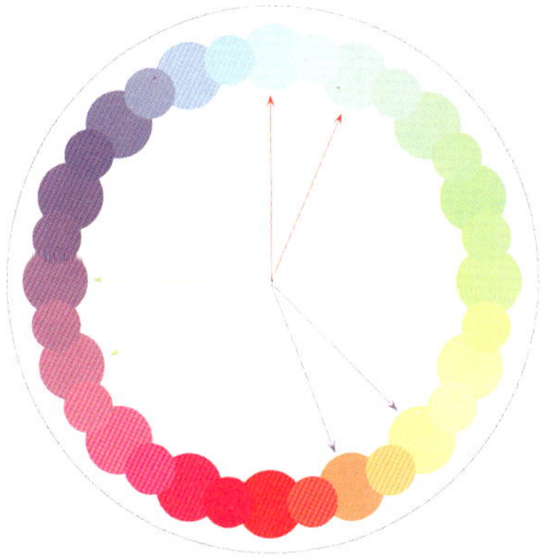

图3-7　邻近色对比的色彩间隔大约30度左右

图3-8　邻近色对比效果

(3) 类似色对比

是在色相环上大约间隔30~60度左右的色彩对比搭配。在服装上表现出活泼、丰富的效果，又保持了色彩和谐单纯的关系。通过明度、纯度的变化，能产生更加丰富的对比效果。(图3-9，图3-10)

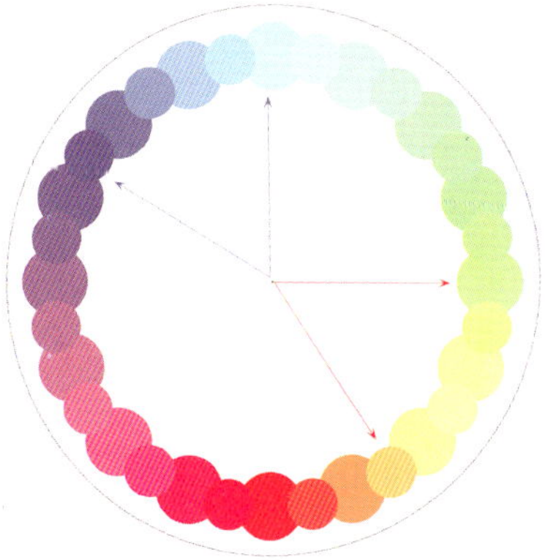

图3-9　类似色对比的色彩间隔大约30~60度

图3-10　类似色对比效果

(4) 中差色对比

是在色相环上间隔90度左右的色彩对比搭配。如红与紫，这类色彩对比在色相上有一定的对比效果，表现出活泼明快、热情饱满的特点，常使用于运动风格的服装。(图3-11，图3-12)

(5) 对比色对比

是在色相环上间隔120~150度左右的色彩对比搭配。在色相上表现出很强的对比效果，在服装上表现出色彩鲜艳醒目、活跃的特点，视觉上令人兴奋，吸引人。但也容易造成色彩不

统一、不协调、过于刺激等弊病。可以通过调整纯度或面积大小来弱化对比关系。(图 3-13,图 3-14)

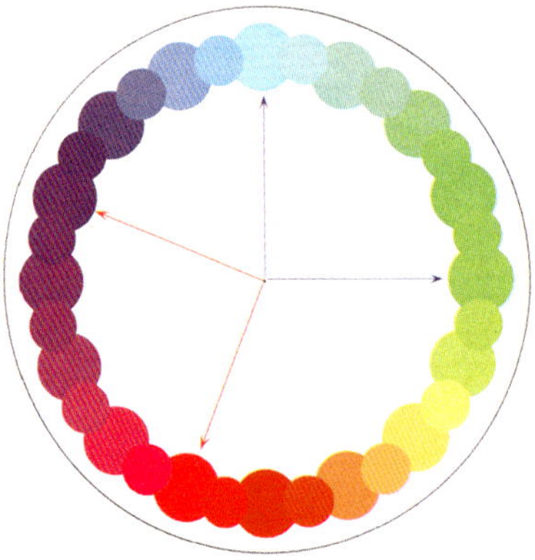

图 3-11　中差色对比的色彩间隔 90 度左右

图 3-12　中差色对比效果

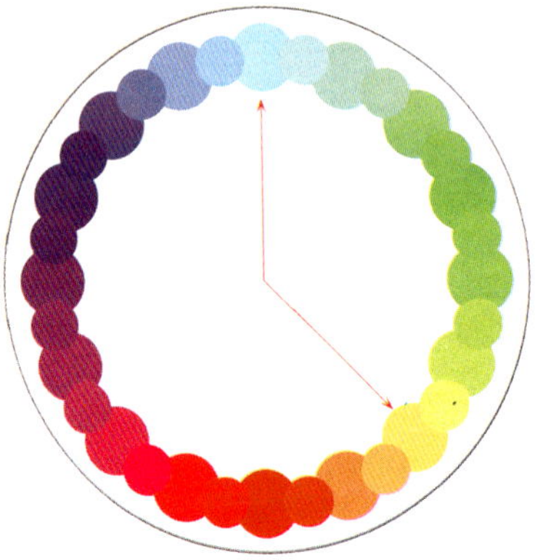

图 3-13　对比色对比的色彩间隔 120~150 度左右

图 3-14　对比色对比效果

(6) 补色对比

是在色相环上 180 度直线相对的色彩对比搭配。这类色彩在色相上性质是完全对立的,视觉上表现出强烈的对比效果,非常活跃、炫目、不稳定、富有刺激感,如处理不当就会产生粗俗的感觉。(图 3-15,图 3-16)

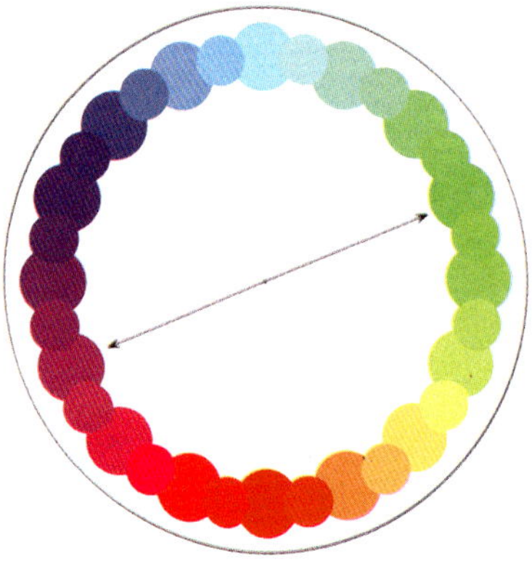

图 3-15　补色对比的色彩间隔 180 度

图 3-16　补色对比效果

2）明度对比关系

如果在配色时从色彩的明度着手就可以将各种色彩从亮到暗分为三大类，即高明度色调、中明度色调和低明度色调。高明度色调的服装看起来轻松、明快、洁净优雅，是夏季常用的配色方法(图 3-17)。中明度色调的服装看起来饱满有力，尤其是偏中灰的色彩的服装更具有含蓄稳重的男性化风格(图 3-18)。低明度色调的服装是以较暗色彩为主，看起来具有庄重、严肃、沉静甚至忧郁的服装效果(图 3-19)。低明度色调还适合从年少到年老的各种人群，有很广的适应面，能产生各种不同的服装气质，如年轻人穿着低明度色调的服装显得少年老成、内敛含蓄，老年人穿着则显得稳重老到。

图 3-17　高明度色调的服装

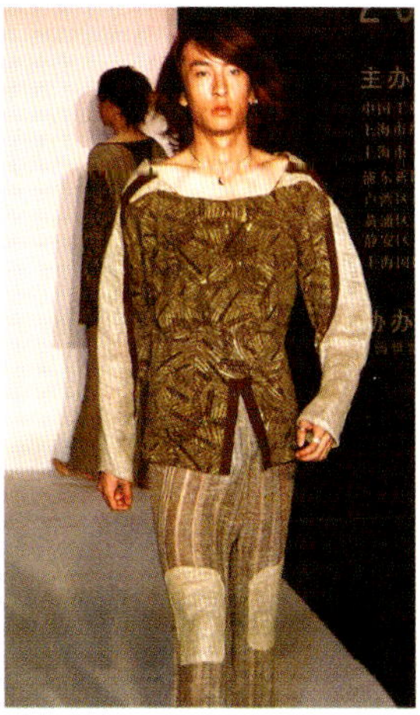
图 3-18　中明度色调的服装

图 3-19　低明度色调的服装

如果在三种明度色调的配色中拉开色彩的明度对比差异，就会形成常见的六种基本色调对比，即高长调、高短调、中长调、中短调、低长调和低短调。

(1) 高长调

以高明度的色彩为主调，色彩对比差异大，这种服装色调明快、清晰，适应人群及季节都很广。(图 3-20)

(2) 高短调

以高明度的色彩为主调，色彩对比差异很小，服装色调明亮，优雅、抒情、含蓄，夏季使用较普遍。(图 3-21)

(3) 中长调

以中明度的色彩为主调，色彩对比差异大，视觉效果丰富、充实、有力。常被看作是男性化的色彩搭配方式。(图 3-22)

(4) 中短调

以中明度的色彩为主调，色彩对比差异小，色彩效果比较含蓄、朦胧。(图 3-23)

(5) 低长调

以低明度的色彩为主调，色彩对比差异大，色彩效果是反差大、刺激性强、有爆发力，稍有压抑、深沉感。(图 3-24)

（6）低短调

以低明度的色彩为主调，色彩对比差异小，色彩感比较深沉、忧郁、寂静。（图 3-25）

色彩在搭配使用时，应从色彩的三个要素（色相、明度、纯度）出发，合理选用色彩，调整色彩的色相、明度、纯度之间的关系，以达到理想的配色效果。另外，不同色彩的面积大小也直接影响到整个服装的色彩调子和效果，这也是调和色彩关系的一个常用方法。（图 3-26）

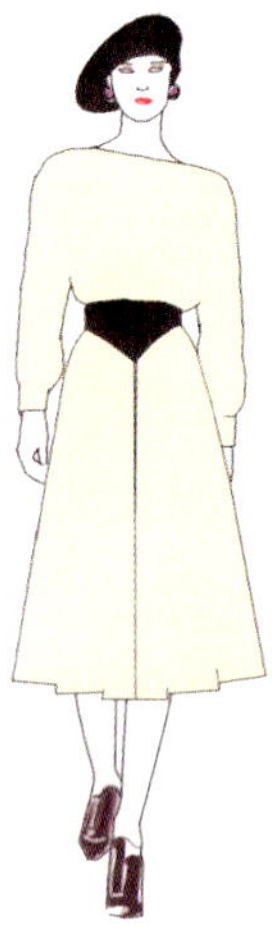

图 3-20　高长调

图 3-21　高短调

图 3-22　中长调

图 3-23　中短调

图 3-24　低长调

图 3-25　低短调

图 3-26　色彩面积大小调整对比效果随之变化，一个颜色的面积较小，对比效果较弱，整体效果比较协调

3.2　色彩灵感来源

作为服装设计的三个要素（款式、色彩、面料）之一的色彩，本身就具有第一视觉效应的重要地位。色彩的使用除了参照已有的流行趋势预报，还可以参照日常生活中的色彩以及自然界和各种地域文化中的色彩使用形式。色彩在现实生活中无处不在，尤其是与人们生活密切相关的或引起人们广泛关注的事物，其色彩也经常会在服装上有所体现，比如对自然环境的

关注、怀旧的情绪等。在许多著名设计师的设计中也比较多地参照了各种艺术种类的色彩形式，还有各地区有明显特色的服饰色彩形式，这看起来好像并非直接参考流行趋势的色彩内容，这就需要我们辩证地来看待这个问题。只要能将色彩关系处理得当，具有时尚感，说不定又倡导了新的流行。

3.3 色彩搭配实例

色彩搭配实例见图 3-27~图 3-36。

图 3-27 以古代铜器纹样及色彩为参照的设计，色调古雅，对比鲜明

图 3-28 以鲜艳的蓝色为主调，配以紫、绿、黄等小面积色彩，加上丰富的层次，显现冷艳而华美的效果

图 3-29 以咖啡色为主调。明度变化产生一定对比，整体效果和谐平稳，具有自然原始的色彩效果

图 3-30 饱和的色彩对比，色相冷暖明显，色彩效果强烈而富有激情

图 3-31　色彩肌理丰富，班驳绚丽

图 3-32　服装与景物的色彩完全吻合，这就是来源于秋季的色彩灵感

图 3-33　神秘高贵的紫色搭配对比效果的黄色

图 3-34　以民族色彩和图案为主题的设计

图 3-35　桃红、紫、黄形成的娇艳色彩与儿童的天性相辅相成

图 3-36　以粉色系列为主的色彩搭配有非常强烈的女性化气质

3.4 服装的流行色

服装流行色是指在一定时期、一定范围(或地域)内受人们广泛喜爱的服装色彩。流行色的最大特征就是时效性,今年流行的也许明年就不流行了。这也是流行色较难把握和预测的原因之一。

流行色的预测是一门统计预测学,它是由专门的流行色研究预测机构(如中国流行色协会,国际羊毛局,美国棉花公司,甚至一些著名的面料大展等)通过对服装色彩使用状况信息的收集整理,并考虑到可能对服装产生影响的各种因素(重大事件、生活热点等),发布下一轮服装色彩的预测报告。流行色预测报告包括对服装色彩的分析和阐述,几个预测的色彩主题和具体的色彩组成。每一色彩主题都有相应的灵感来源和色彩的阐述说明。每一主题再列出几种色彩,通常许多流行趋势预报会采用色彩意境图的形式来概括反映色彩的大致内容和风格,然后说明提取典型色彩的方式,这样就形成完整的流行预测报告。例如 2006 春夏英国色彩流行趋势发布中包含五个主题:就在那里、沉寂、新光线、清晰的印象、冥想。(图 3-37)

图 3-37

流行色信息对服装设计有十分明显的参考价值。虽然流行色的预测内容在市场不会得到 100%的准确体现,但总有一些会有明显的反映。作为成衣类服装在色彩上存在着明显的季节特征,这也是服装行业的一个重要风险之一。往往有很多服装在过季之后就要大幅度降价处理,就是因为到下一个销售季节就可能完全不被消费者认同,就会严重滞销。这其中最重要的原因就是流行特征的变化。因此虽然在设计中不能完全参照流行预测的内容,但决不能在设计时忽视色彩的流行特征,这种缺少流行特征的设计很可能看起来不时尚,甚至是过时的,有可能直接导致服装产品销售的失败。

服装流行色信息可以在许多专业的时尚杂志中得到反映,作为设计师应当及时主动地了解这方面的信息,并在设计过程中不断积累总结经验,只有这样才能成为一个具有一定预见眼光的能把握时尚潮流的设计师。

课后练习

1. 根据六种色彩搭配关系分别绘制色彩搭配的效果图。
2. 选定一个色彩的灵感主题,提取色彩及肌理,设计绘制时装效果图。
3. 收集当季的色彩流行信息,形成调研报告,并设计一系列服装。

4 服装材料设计

学习目标

1. 通过本章节的学习，了解服装材料的品类，了解服装新型材料开发现状与发展趋向；

2. 认识服装材料的风格特征与造型设计之间的关系，掌握典型材料性质特点；

3. 掌握装饰工艺与服装材料再设计之间的关系，会运用不同的装饰工艺进行服装材料的再设计；

4. 熟练掌握典型材料的造型设计，会运用再设计的材料进行服装款式设计。

服装材料是服装设计思想表现的载体，对于材料种类的认识、材料性质的了解有利于构思准确的表述；对材料服用性能认识的深入及对材料再设计的拓展，更能激发设计师的灵感和提供源源不断的设计素材。

4.1 服装材料的种类

4.1.1 服装材料的概念

服装材料是指构成服装产品的所有材料。不同的服装材料在服装构成中所起的作用各不相同，主次地位也有所差异。人们习惯上把服装材料分为面料和辅料。抛开构成服装外观主体部分的面料不说，辅料包含了实现特定功能的辅助材料、加工生产性的如缝线类的辅助材料、装饰性的辅助材料、标饰性的辅助材料等。

面料是服装构成的主体材料，对于服装的色彩、造型、风格特征起着主要作用。不同的面料有着不同的外观和服用性能。对于面料性质的掌握程度，是影响设计师成功设计的重要因素之一。服装面料的分类方法有很多，本书主要从织造方法和材质性质加以区分和认识面料的性质特征。

辅料是构成服装材料中除面料以外的所有材料，它在服装构成中起到辅助工艺造型、完善功能、风格装饰等作用。辅料材料包括里料、衬料、填充料、细节材料、缝纫线、装饰材料等。伴随着服装材料的发展，辅助材料的设计运用将会给服装设计带来更为广阔的空间。

4.1.2　服装材料的品种与分类

从原料的性质以及加工方法对服装材料进行分类，服装材料可以分为纤维制品、皮革制品及其他制品。

- 服装材料
  - 纤维制品
    - 纺织制品
      - 织物类
        - 机织物
        - 针织物
        - 编结物
      - 绳子类
      - 纱线类
        - 缝纫线
        - 绣花线
        - 绒线
    - 集合制品：非织造布、弹力絮、毡
    - 复合制品：粘着布
  - 皮革制品
    - 天然皮革
      - 天然裘皮
      - 天然革
    - 合成皮革
      - 仿裘皮
      - 人造革、合成革
  - 其他：竹、木、骨、石、贝、角、玻璃、金属等

1）织物

以纺织纤维为材料，运用各种方法制成的柔软的片状物称为织物。主要有机织物、针织物、非织造物、锭编织物、钩编织物、毡等。

（1）机织物

机织物是由相互垂直配置的两个系统的纱线（经纱、纬纱）在织机上按照一定规律纵横交错织成的制品。机织物的分类方法主要有以下几种：

按织物中经纬纱线的原料组成分类，可分为纯纺织物、混纺织物、交织织物、交并（混并）织物。

按纤维长短分类，可分为短纤维织物、长丝织物、长线与短纤维纱交织物。

按织物风格分类，可分为棉型织物、毛型织物、中长型织物、丝型织物、麻型织物。

按织物组织分类，可分为平纹织物、斜纹织物、缎纹织物、变化组织织物、联合组织织物、复杂组织织物。

按织物染色情况分类，可分为原色织物、素色织物、印花织物、色织织物、色纺织物。

按织物厚薄分类，可分为加厚型、厚型、中厚型、薄型和超薄型。

（2）针织物的分类

针织物是由一根或一组纱线在针织机的织针上弯曲形成线圈，并相互串套联结而成的制品。包括针织布和成形衣着产品。机织物的分类主要有以下几种：

按原料组成分类，可分为纯纺针织物、混纺织物和交织针织物。

按生产方式分类，可分为纬编针织物和经编针织物。

按加工成形分类，可分为针织坯布和针织成形产品。

按针织物单双面分类，可分为单面针织物和双面针织物。

按纱线种类分类，可分为普通纱线针织物和变形纱线针织物，长丝针织物和短纤维纱针织物等。

2）毛皮与皮革

（1）动物毛皮与皮革

常见的动物毛皮有狐皮、貂皮、猞猁皮、羊皮、狗皮、兔皮、狼皮、鼠皮、水獭皮等皮革；常见的动物皮革包括牛皮、猪皮、羊皮、麂皮、狗皮、鳄鱼皮、蜥蜴皮、蛇皮、蟒皮、鲨鱼皮等皮革。

（2）人造毛皮与皮革

人造毛皮包括针织人造毛皮、机织人造毛皮、人造卷毛皮；人造皮革包括人造革与合成革两类。

4.2 服装新型材料

服装材料的发展映射了一个时代的意识形态、经济发展状况、科技文化水平以及人们的生活方式。社会、经济、科技的发展推动了服装新型材料的发展，生活方式观念指引了服装新型材料发展的方向，科技水平则奠定了服装新型材料发展的基础。

新型服装材料的发展趋势体现在以下几个方面：

1）服用性能的完善

服用性能的完善包括安全性、舒适性、健康性等方面。关于服装材料服用性能的完善是一个伴随着科技的发展而不断深化和发展的话题，在这方面的研究包括农药、染料的残余问题的解决，织物的吸湿、透气性的改善，织物保温性的研究，卫生保健织物的开发，助燃、防射线、防静电等安全织物的开发，抗皱防缩、抗污染织物的开发，透气防水织物的开发等。目前已研究成功的有转基因棉织物，彩棉、彩毛织物、牛奶织物，Modal 织物，Tencel 织物，调温织物，晴雨两用织物等。

2）形态特征的开发

服装发展到现在，多样化、风格化已经成为现代服装设计的一个主要方向，服装材料形态多样化的要求越来越被大家重视。设计师在设计服装的同时或多或少地参与了服装材料的设计，纺织品材料的设计师与服装设计师的工作界限不断模糊，在服装设计师的参与下两者的工作在生产中不断渗透。服装材料的形态特征主要包括织物视知觉效应方面的开发与织物造型性能方面的开发。这种面料开发包括在织物制造过程中针对织物的印染、织造、刺绣、皱缩等工艺的过程设计开发出多样的面料。这就要求设计师参与制造工艺，根据设计理念同技术人员商讨风格织物的开发。现代数码纺织技术的运用，建立了一个强大的开放式设计平台，使得市场、用户、设计师之间产生了交互式的交流，多品种、小批量的服装设计成为可能。

3）功能特征的拓展

随着经济的发展，人们生活水平的提高，人们对服装需求的满足程度也在不断地变化，这种需求经历了从保温到美观，从美观到舒适，到如今对服装的功能提出新的要求。例如抗静电、吸水透湿、防水透湿、调温蓄热保温、抗菌除臭等的功能的服装材料在设计师的选择下走进大众生活，满足人们不断增长的需求。

4.3 服装材料——织物（机织、针织）

作为一名服装设计师，不仅要把自己的构思表达在二维的图纸中，更重要的是把设计实现于三维的空间中。这就要求设计师对于服装材料要有更深层次的理解和领悟。服装用纺织材料（织物）是服装设计的主体材料，它的服用性能与风格特征是设计师判断、选择和比较材料好坏的依据，关系到服装功能和服装款式的体现以及最终的穿着效果，也关系到使用、洗涤、熨烫等方面的问题。正确地选择织物是服装设计成功的关键。

4.3.1 设计师对于织物服用性能的关注

织物的服用性能是服装用纺织材料在穿着和使用过程中为满足人体穿着所具备的性能。服装在穿着和使用过程中的服用性能具体表现为舒适感、保形性、收缩性、坚牢度、色牢度、洗涤性、熨烫性。

当今社会人们不仅注重服装的款式和色彩，同时也十分注重服装材料的服用性能，它关系到人体着装后的舒适程度及对服装加工、穿着、洗烫的处理。人们对服装的服用性能有着具体的要求，如对冬季服装材料要求轻便、保暖、美观入时且易洗涤；对夏季服装材料要求吸汗、透气、凉爽舒适而又易洗快干无需熨烫；对内衣材料，要求柔软、无刺激、吸湿、弹性好、静电小；对外衣材料，要求既挺括、悬垂、不易变形、不褪色又耐磨、坚牢，最好还要便于洗涤、整烫等等。面对人们的多样化要求，设计师在设计选材上必须合理地选择材料，既要完成服装的装饰效果以准确地表达出设计的艺术构思，又要顾及服装的使用价值以实现它的商业价值，这样的艺术作品才是成功的设计。

服装用纺织材料的服用性能包括舒适性、耐用性和外观性。决定和影响织物服用性能的因素很多，起主要作用的有纤维的结构和性能、纱线的结构和性能、织物组织结构以及生产加工的方式。因此服装设计师在选择织物时，要思考这些织物的纤维成分是什么，纱线的结构和性能有什么不同，织物的组织结构有何特点，有没有经过特殊的加工及后整理工序。在认识到织物的这些因素以后，就要对织物的服用性能进行判断。包括以下几个方面：

（1）舒适性

舒适性是服装织物为满足人体生理卫生需要所必须具备的性能。判断织物舒适性的指标包括通透性、吸湿性、保暖性、刚柔性、静电性。其中通透性包括了透气性、透湿性、透水性与防水性。此外,保暖性中又包含了导热性、冷暖感、防寒性三个方面。舒适性是人们取舍服装时考虑的一个重要因素,因此,设计师在选择材料时必须把织物的舒适性作为基本条件考虑在内。当然,对于织物的舒适性,设计师不可以孤立、片面地考虑,而应当把它放到服装款式的工艺结构设计、穿着者的生活环境和职业特点、着装者的体质特征等三维空间去考虑。

(2) 耐用性

耐用性是设计师不可忽视的另一个性能,它的好坏直接关系到服装材料的使用性能和使用寿命。织物的耐用性包括了拉伸、撕裂、顶破强力、耐磨性、耐热性、阻燃、抗熔性,耐晒性、色牢度、收缩性等。根据服装款式和服装的功能,合理地选择面料和辅料并运用到款式工艺设计,是款式设计深入的一个必然的过程。深入的程度和运用恰当的程度与设计师对织物性能的掌握程度有着直接的关系。

(3) 外观性

服装的外观效果对服装的艺术性得以表现有着很大的关系,它包括服装的抗皱性、免烫性、悬垂性、抗起毛起球性。这些性能在服装造型中,在服装的艺术外观品质的持续性中,扮演着关键的角色。

4.3.2 织物的风格特征

从某种意义上说,服装设计就是风格设计,服装的风格在很大程度上依赖于织物和装饰材料的诠释。因此,设计者对于织物风格的掌握有着现实而深远的意义。

1) 织物风格特征的基本概念

织物风格特征严格的讲是织物的外观特征与穿着性能的综合表现。广义的风格特征指依靠人的触觉和视觉对织物的力学性质和审美特征做出综合评价,它是织物所固有的物理机械性能作用于人的感觉器官所产生的综合效应,是一种受物理、生理和心理因素共同作用而得到的评价结果。它除了涉及手感风格以外,还包含了织物的艺术性、象征性、趣味性、时尚性、美感特点、价值模式等。织物的狭义风格又称为"手感风格",是指对织物物理与力学性能的感官(手感)评价,它包含了主观印象评价和客观数值评价。在织物风格评定的研究中常见的方法有主观评定和客观评定。主观评定运用一捏、二摸、三抓和四看的感官评价织物的风格为设计提供有用的信息;客观评定则是利用专业的仪器设备,通过定量、定性的分析,客观地评价织物的风格特征。其中织物风格仪是一种较为常见的运用于评价的仪器设备。

2) 织物风格特征的表现

织物风格特征是一项综合性感觉特征,特别是视觉和触觉效应并非孤立存在而是相互融合、彼此渗透,单凭某方面判断是不够的。如有些织物的某项特征,从视觉角度和触觉角度感受不同,看似硬挺却手感柔软,看似纹理饱满却手感平坦。因此,织物所表现的是一种综合而复杂的风格效果。主要有以下方面:

(1) 光感

光感是由织物表面的反射光所形成的一种视觉效果,取决于织物的颜色、光洁度、纱线性质、组织结构和后整理、使用条件等。长丝织物、缎纹织物、细密的精纺呢绒、顺毛粗纺呢绒等光感好。我们经常用柔光、膘光、金属光、电光、极光等来描述织物的各种光感。

(2) 色感

色感是由织物的颜色形成的视觉效果，与原料、染料、染整加工和穿着条件等有关。色感给人以冷暖、明暗、轻重、收缩与扩张、远与近、和谐与杂乱、宁静与热闹等感觉，对服装的整体效果起着重要作用。

(3) 质感

质感是织物外观形象和手感质地的综合效果。我们通常评论一块面料的质感如何，即是否与服装风格相统一。质感既包括织物手感的粗、细、厚、薄、滑、糯、弹、挺等，也包括织物外观的细腻、粗犷、平面感、立体感及光滑、起毛等织纹效应。质感取决于纤维的性质，如蚕丝织物大多柔软、滑爽，麻织物则刚性、粗犷。织物组织的纹路影响织物的质感，提花组织、色组织立体感强，缎纹组织则光滑感强。起绒、起毛水洗、仿丝等整理均可改变织物的质感特征。

(4) 形感

形感是织物在其物理机械性能、纱线结构、组织结构、后整理及工艺制作条件等多方面因素的作用下反映出的造型视觉效果。如悬垂性、飘逸感、造型能力、成型能力、线条的表现力及合身性等形感特性对服装造型影响较大。

(5) 舒适感

舒适感是指织物的光感、色感、质感、形感带给人的心理学舒适感觉。如冷感、暖感、闷感、爽感、涩感、贴身感等。

3) 织物风格特性的评价内容

织物千姿百态，变化微妙，织物的物理属性和审美属性在体现其风格上有着密切的关系。织物风格特征与其外在表现也是相互依存的，它的内容也极为丰富，包括视觉、触觉、听觉、嗅觉方面感受的内容。在这些感觉达到了认知的层次，常常引发人的情感、爱好等心理反应。设计师能否用作品与大众产生交流以至达到共鸣，就要看设计师借物抒情是否把握得恰当。

(1) 视觉——外观

以人的视觉器官眼睛对织物外观所作的评价即用眼观看织物得到的印象，在某种程度上而言是织物给人的第一印象。织物的外观描述有：

光泽特征——亮丽与晦涩、柔和与刺眼、明亮与暗淡、华美与朴素等。

色彩特征——纯正、淡雅、鲜艳、明快、单一、花哨、悦目、呆板、流行、过时等。

表面特征——平整与凹凸、光洁与粗糙、纹路清晰与模糊、肌理粗犷与细腻、厚重与轻透等。

悬垂特征——挺直与松懈、浑圆与涩瘪、柔顺与刚直、流畅与笨重等。

动态特征——稳重、飘逸、活泼、呆板、轻佻等。

(2) 触觉——手感

以人的触觉器官手对织物的触摸感觉所作的评价。通过手在平行于织物平面方向上的抚摸，垂直于织物平面方向上的按压，以及握持、抓捏织物获得触觉效果。主要有：

舒适感——光滑、爽洁、滑糯、平挺、粗糙、粘涩、柔润、舒适。

刚柔度——柔软、生硬、软烂、有身骨、板结。

温度感——温暖、凉爽、热烈、冷静。

疏密感——致密、疏松、透明、紧密。

体积感——丰满、丰厚、蓬松、轻薄、厚重。

重量感——轻飘、重垂、沉重、轻快。

弹挺性——弹性、挺括、柔弹、板结、活络、疲软。

(3)听觉——声响

以人的听觉器官耳朵对织物摩擦、飘动时发出的声响做出评价。不同织物与不同物体摩擦会发出不同的声响。在穿着过程中,由于身体运动,衣料会发出声响。当风吹拂时织物飘动,亦有声响。声响有大与小、柔和与刺激、悦耳与烦躁、清亮与沉闷等之分。

(4)嗅觉——气味

以人的嗅觉器官鼻对织物发出的气味做出评价。清洁、干燥、无污染的织物大多无特殊气味。有的织物带有染料气味,水洗后可消除。如棉、麻、粘胶织物染料味较重;羊毛织物略带点动物毛气味;腈纶绒线和织物有一种特殊的"腈纶气味";香味织物主要从卫生保健和心理舒适方面满足人们的需要。

(5)风格的综合印象

人们对织物的特征通过感官发现、感觉和认识之后,很容易上升到认知的程度。这种认知不仅来源于人的生活体验,同时也借助于人的想象力。设计师正是利用其敏锐的洞察力和对材料娴熟的驾驭能力来体现不同的风格作品,引导着人们的思维去体会作品的内涵。

艺术特征——浪漫、抽象、现实、夸张。

审美特征——优美、和谐、华丽、高雅。

象征特征——权威、庄重、高贵、简朴。

趣味特征——精致、奇异、性感、平庸。

时尚特征——新颖、流行、古板、保守。

价值等级——高级、优质、普通、低档。

4.3.3 服装材料种类与风格特征

1) 天然纤维面料

天然纤维面料是自然界中原有的或从人工培植的植物和人工饲养的动物身上所取得的纺织纤维加工而成的面料。常用的天然纤维面料主要有棉织物、毛织物、丝织物、麻织物。

(1)棉织物

棉织物指以棉纤维作原料的面料。

棉织物具有保暖性好、吸水性强、耐磨耐洗、柔软舒适的特性;但弹性较差,缩水率较大。棉织物以其优良的服用性能而成为最常用的服装材料之一,是最为普及的大众化的面料。棉织物的种类非常繁多,常用的有平纹类的平布、府绸等,斜纹类的卡其、哔叽、华达呢,缎纹类的直贡缎,色织布类的牛津布、劳动布,起绒类的平绒、灯芯绒、轧纹布等。作为天然织物的棉织物越来越以其更新的面貌而受到人们的青睐。

不同的棉织物由于织造因素与后整理因素的不同而具有不同的风格特征。如质地紧密、细腻平滑的平布和细纺布；质地厚实粗犷、立体感强的牛津布、粗平布和斜纹布；质地细密轻薄、手感柔软滑爽的高级府绸；质地疏松、吸水性好、丰厚柔润的凹凸织物；轻薄透气、凉爽舒适的纱罗纯棉网眼织物；外观平整丰润、光泽柔和，手感柔软、不易起皱的平绒等等。

（2）毛织物

毛织物具有良好的保温性和伸缩性，吸湿性好，不易起皱，色彩一般比较深暗、含蓄，感觉庄重、大方、高雅。精纺毛织物质地紧密，手感糯滑，骨架挺括，光泽柔和自然，常见的有哔叽、女士呢、麦士林等。粗纺毛织物表面毛绒，丰满厚实，体积感强，常见的有麦尔登呢、海军呢、大衣呢、顺毛大衣呢、羊绒、驼绒等。纯毛织物的原料主要以绵羊毛为主，还包括安哥拉山羊毛织品、骆驼毛、羊驼绒等。

（3）丝织物

丝织物是指以蚕丝为原料织成的面料，包括桑蚕丝织物与柞蚕丝织物两种。柞蚕丝织物色泽黯淡，外观比较粗糙，手感柔软而不滑，坚固耐用，适合制作中低档服装；桑蚕丝光泽好，明亮悦目，手感细腻柔软，感觉华丽、精致、高贵，色彩浓淡鲜灰均宜，属高档服装面料，常见的有电力纺、乔其纱、斜纹绸、双皱、软缎、塔夫绸、织锦缎、金丝绒等。丝织物由于其原料及组织结构不同，会产生不同的效果。纺类真丝衣料丰满，悬垂性好，优雅高贵，用途很广。缎类织物手感光滑柔软，质地坚密厚实。绸类织物则一般质地紧密，光泽柔和自然。锦绸织物布面布满糙粒，能充分表现自然风格。

（4）麻织物

麻织物面料是由麻植物纤维织制而成的面料。麻织物具有吸水、抗皱、稍带光泽的特性，感觉凉爽、挺括，耐久易洗，质地优美，风格含蓄，色彩一般比较浅淡，质地朴实。但是麻织物也有柔软性差、容易起皱的缺点，所以不适合做内衣以及高档礼服等。

2）化纤织物

化纤织物是指采用天然或人工合成的高聚物为原料，经过化学处理和机械加工而制得纺织纤维，然后再加工成面料。化纤织物分为人造纤维织物和合成纤维织物。

人造纤维织物有富春纺、人造棉布等。合成纤维织物有粘胶及富纤织物、丙纶织物、锦纶织物、涤纶织物、腈纶织物等。化学纤维制品比天然纤维制品便宜，是平民化的织物。化学纤维织物还可以模仿出天然纤维织物的效果。例如，粘胶纤维可以制成人造丝、人造棉；涤纶织物可以仿丝、仿毛、仿麂皮等；腈纶织物可以仿毛料和羊毛混纺织物等。还有一些化纤织物如锦纶织物、氨纶织物有较好的弹性及弹性恢复性，可以把服装造型的曲线美和服用舒适性融为一体。此外，化纤织物还可以做功能性很强的服装，例如运动服、登山服等。化学纤维织物的缺点是与皮肤之间的触感不好，穿在身上感觉不舒适，而且透气性较差，所以不适合作内衣用料。

3）混纺织物

多种纤维混纺可以改善服装面料性能，有着广泛的发展前景。混纺纤维包含天然纤维同天然纤维混纺；天然纤维同化学纤维混纺；化学纤维同化学纤维混纺。

莱卡是具有高弹力的纤维，可同毛、麻、丝、棉及化学纤维混纺，使织物在保持原有特性的同时，增加纤维织物的弹性，加宽了面料的适用领域，给设计者和消费者带来充分的选用和使用范围。近几年来“弹力”之风无止境，莱卡起到了重要作用，甚至连皮革都加莱卡，皮革上覆有莱卡涂层的胶合织物使皮革富有弹性。

如今，纺织物的市场领域比较广泛，所以被许多面料生产厂家看好。例如，把羊毛与棉混纺可产生不规则的表面织纹，可制造出类似沙砾的织纹，产生一种特殊的肌理效果。

此外，化学纤维还可以与天然纤维进行混纺，在混纺过程中，集多种材料的优点于一身，可以开发出很多风格迥异的面料。

4）针织物

针织物的特点是富有弹性，比较柔软，穿着舒适。针织物根据原料不同，具有不同的服用功能，如棉针织面料有较好的透气性、吸湿性，特别适合做内衣。针织服饰外衣化是现代服装流行的一个趋势，随着技术的发展，针织面料开发出了具有牛仔、麂皮、裘皮等风格的面料。由于针织物特有的织物柔软性的特点，非常吻合休闲的主题，因此得到服装设计师的宠爱。

4.4 服装材料的特征与造型关系

服装设计在现代设计中归属于产品设计，而产品设计的一个基本目的在于决定产品的外观形态，故又可以称为外观设计或造型设计。它注重表现产品的形态美和体现空间形态的合理性。服装设计区别于其他产品设计的一个重要特征在于它所选用的材料是非刚性的柔性的材料，因此，与其他产品设计相比，服装设计在实现设计所确定的空间尺寸和造型的特点、风格时具有一定的难度。而服装造型设计中另一难点就是服装造型的受力点来源于运动的人体，服装的形态特征不是一成不变的，而是在人体穿着和运动中得到实现。服装材料的内在特征决定着服装外在的造型线条和色彩感受，服装的审美又往往体现在材料的美感上。

4.4.1 服装材料与服装造型

服装是一个三维空间的物体，它的个性化、动态感是通过线条、空间、形态等来体现。服装的造型不完全由设计确定，服装材料的造型特征是影响服装造型的重要因素。在设计中，设计师往往对面料从厚重挺括与轻薄柔软、有无光泽、平面与立体、弹性与非弹性等方面来把握面料的造型特征。

1）悬垂性与造型

悬垂性是指织物在自然悬垂状态时产生柔和衣褶以及面料随身贴身的能力。由于悬垂性与织物的刚柔性有内在的关系，因此人们常常把两者放在一起进行研究。通常认为，柔软度大的织物悬垂性较好。织物的柔软程度与织物的纤维成分、纱线类别、织物的组织、织物的后整理等等有关，我们可以通过织物的厚度、重量、结构的直观因素判断织物的垂感。

对于单一织物而言，首先织物的悬垂性的大小因织物的下垂方向的不同而不同，这样织物在下垂时会造成一种随机的、自然的、生动的、唯一的外观表现，我们称之为织物的各向异性。在立体造型中,这种不确定性就体现出了其独特的价值,为造型设计提供了较为广阔的创造空间。对于织物的各向异性的运用可以追溯到古希腊及古罗马的服饰, 典型的有基同衫(Chiton)、佩泊勒斯衫(Peplos)等。古希腊和古罗马的服饰对织物的各向异性运用成功,其意义是深远的,现代服装设计中强调造型流畅和简洁的“雕塑风”正是运用面料在悬垂状态下形成的各种褶裥和绉纹,表现出因穿着者体态、姿势和动作而形成的丰富多变的外观。

此外,由于纤维成分、纱线类别、组织结构、后整理的差异,织物具有不同的悬垂外观效果,从而表现出来的线条风格、空间体积、服饰情感有着很大的区别。这种微妙的感觉传达就在于设计师对织物的选择与把持。

从服装造型的角度来讲,不同造型的服装对服装的悬垂性要求也各不相同,有时要求细腻、流畅,有时则要求浑圆、饱满。在织物单一的身骨不能满足这一特点,或为了加强这一感觉时,多种材料的组合使用是一种很好的方法。典型的运用要数“建筑风”这一流派的作品,它以人体作为支点,精巧的结构结合多种材质,通过服装辅助材料的巧妙运用,塑造了一个个或别致、或新颖、或怪诞的造型。这些设计师包括了皮尔·卡丹、卡布奇等。历史上“双巴尼尔裙撑”所造就的形态,就是利用服装辅助材料延伸人体支点的一个很好的例子。

2）图案特征与造型

由于人们在认知过程中存在着视错现象,织物的图案特征将对服装的造型认知存在着一定的干扰作用。因此,在服装设计中,将织物的图案特征应用于服装造型的手法很常见,也十分有效。例如特征鲜明,反差强烈的点纹、条纹和方格等的几何图案纹样的面料,不仅在风格化设计中作为一类别具特色的织物被广泛地使用, 而且它们在服装造型上的作用也十分突出。织物的图案特征对于服装造型的作用在于弱化了织物悬垂性构建的空间形态,而强化了图案特征本身的视错效应。

在点纹图案中,织物点纹图案可以有许多变化。例如通过点的单元重复,韵律变化与一定的服装造型相结合,所呈现出的透视效果能够不同程度地烘托服装的空间体积感。

条纹面料也具有很强的造型能力。条纹的基本特点是既能够体现方向感和空间感,又可以使某一个方向有扩张或收缩的感觉。当条纹与人体的凹凸起伏相呼应时,它的变化可以有效地勾勒出人体的曲线和轮廓特征。设计师对条纹织物纹样走向的设计把握,用条纹图案的视错现象强调肢体的优点,体型的缺陷被弱化,条纹织物的视错觉作用是显而易见的。

方格织物的应用十分广泛。它可以强调一种空间和结构,有利于突出服装的稳定感和体积感。此外,采用无规则条纹或花形较大的图案时,往往会强化人对图案本身的视觉感受,从而削弱服装的轮廓、结构和空间形态,在一定条件下甚至会使服装融入背景之中(军队的迷彩服就是一个典型的实例)。

4.4.2 服装材料与服装色彩

服装面料的色彩既有着独立的感情特征,同时也依附于材质的风格特征,只有达到两者相辅相成,才能很好地显示出美的特征。

1）材料固有色彩与服装色彩

服装天然材料具有天然自成的色彩，这种色彩的柔和性与独特性是一种难得的服装色彩。彩棉织物的淡雅，本色麻织物的质朴，彩色毛织物的淳厚，在表达服装一种风格的同时也宣扬了绿色环保。至于天然的动物毛皮更是色彩丰富、图案多变，狐皮是最常见的，它的颜色包括了粉白色、粉灰色、银灰色、青灰色等；豹皮则以杏黄与橘红等不同的斑点斑纹配以油亮的顶毛而获得富丽堂皇的色彩；猞猁、不同品种的羊皮、狗皮等都呈现出绚丽的色彩，为服装设计师提供了多样的色彩素材。

2）材料质地对色彩的干扰效果

通过印染、后整理等工艺可以赋予服装材料缤纷绚丽的色彩。透析色彩缤纷的材料，设计师不难发现服装纤维制品材料本身的质感对染色效果的干扰是不可避免的。运用同样色调的色彩对丝、棉、毛、化纤面料进行染色，其色彩知觉效果是不一样的。如同样一种红色，在粗纺的苏格兰花呢上，色彩表情是一种热情粗犷美，而在织金银丝的锦缎上则会表现出一种豪华、艳丽的美。总的来说，真丝织物的色彩上浓淡鲜灰均宜，具有华丽的表情特性；化纤织物色泽丰富，情感特性多样；未经丝光处理的染色棉织物的色彩则有含蓄、自然、朴实、浑厚的感受；麻织物就显得相当质朴，且具有凉爽、挺拔、肃然之感。化纤仿丝织物虽然具有鲜艳光亮的色彩，但同真丝服饰相比还是有区别的。化纤仿丝织物呈现出的光泽耀眼，真丝织物则相对柔和。另一方面，面料由于不同的组织结构以及起绒、起毛、水洗、纺丝等整理工艺处理后，同种色调也会呈现出不同的色感，这是因为不同材质面料对光的吸收和反射的能量不同，使面料上的色彩在明度、彩度上也产生微妙的变化。此外，金属、木、玉石、水晶、聚酯化合物等装饰材料也有着不同的色彩质感表现。这种材料属性赋予材质的色彩感觉是独特的，在设计中设计者应好好把握材料属性与风格的关系。

3）材料间色彩相互干扰效果

当材料在组合放置时，由于视错、材料的透感程度、色光交叠衍射等因素的影响，往往给着装者以不同的视觉效应。“此红非彼红，此黑非彼黑”的色彩感觉往往存在于设计中。运用材料色彩的相互干扰，雪纺、薄纱类面料的清透与柔美被设计师诠释得惟妙惟肖。

4.4.3 服装材料与服装风格

服装材料与服装风格的统一主要包含了服装材料质感与风格的统一、服装材料色彩与风格的统一、服装材料图案与风格的统一、服装材料组合与风格的统一四个方面。

4.5 材料肌理设计在服装中的应用

服装材料形态多样化已经成为构成服装设计多样化、风格化的重要因素之一，同时也已经成为现代服装设计的一个主要方向。服装设计师对服装材料肌理设计的探索更是天马行空，风格各异。但无论服装材料如何变化，都与服装面料的装饰工艺和科技的发展有着密切联系，下面就当前常见的装饰工艺与服装材质的艺术设计作简单的介绍。

4.5.1 印花和染整工艺与服装材质的艺术设计

染整是将纺织纤维材料及其制品加工成印染成品的工艺过程，包括练漂、染色、印花和整理四个部分。从设计角度讲，材料染整工艺处理中的印染和整理是改变织物的手感与视觉外观效果的主要工序。印染整理不仅使织物走进生活，而且印染整理工艺被当代设计师驾驭娴熟，被广泛运用于服装印染整理设计之中(图 4-1)。设计师将装饰图案通过一定的工艺方法，创造性地把染料转移到面料上，使平实的面料变化丰富，形成特定的装饰效果。

图 4-1　印染装饰与服装设计

1) 印染工艺

服装设计中染料就如同颜料，它赋予了服装色彩语言。织物的艺术创作，不仅要有艺术的天赋，而且要了解科学，遵循科学规律，这样的作品才能走入生活。要获得满意的染色效果，对于不同纺织纤维需使用相应种类的染料。如直接染料对所有的天然纤维都有一定的亲和力，也可染粘胶、铜氨人造纤维和少数合成纤维；酸性染料适用于毛、蚕丝等动物纤维，染毛纤维的牢度较染蚕丝更好；活性染料可染棉、毛、麻、丝、粘胶等纤维；分散染料可以染绝大多数合成纤维，色泽较鲜艳，色谱较广，牢度较好。

用染料或颜料在纺织物上印出具有一定染色牢度的花纹图案的加工过程称为印花。从印花的方式上来分，印花有手工印花和机器印花两种。

机器印花包括了筛网印花、辊筒印花、转移印花和喷液印花。

基于机器印花传统工艺，新型的印花技术层出不穷。例如，具有花纹层次虚幻感觉的朦胧印花，花纹薄如蝉翼的烂花印花，图案层次分明立体感强的凹凸提花印花，点缀作用的荧光印花，立体感强、色彩鲜艳的转移植绒印花，光彩夺目的金银粉印花，具有贴花和植绒效果的立体花型的发泡印花等。

手工印花包括木模版印花、镂空版型印花、扎染、蜡染、夹染、泼染印花、手绘。

手工印花具有悠久的历史，传统的印染产品源于民间的朴实，具有淳朴、自然、明快的品质，完满地体现了实用和审美一体的基本原则。现代设计师站在新的角度去理解、思考和运用，为传统注入了新鲜，用传统读解了现代。

(1) 直接印花

直接印花是运用辊筒、圆网筒、圆网和丝网版等将印花色浆或涂料直接印在白色或浅色的织物上。直接印花表现力很强，在服饰中应用得极为普遍，其中辊筒、圆网筒、圆网彩印适合于表现色彩丰富、纹样细致、层次多变、循环规律的图案。在印花图案的设计中，要注意印花图案的色泽数，即通常人们所称的“套色”。掌握好“套色”的数量，是设计既艺术又经济的图案的关键。

(2) 防染印花

防染印花是在染色的过程中通过防染手段显花的一种工艺表现方式，手工印花中的镂空型版印花、扎染、蜡染、夹染就是典型的防染印花。防染的手段是多样的，它可以是防染剂，也可以是熔蜡、油纸、线绳等。多样的手段造就了多样的染色效果，通过创造性地运用这些手段可以变化出无穷无尽的艺术作品。

(3) 拔染印花

拔染印花是利用褪色原理显花。在已经染有颜色的织品上用拔染剂色浆印花，拔掉印花部分的颜色，显出面料染色前的颜色，未受影响的染色部分成为有色花纹。其特点是织物两面都有花纹图案，正面清晰细致，地色丰满鲜亮。现在最为常见的就是在牛仔服饰上的运用。

(4) 转移印花

转移印花是将染料印制在转移纸上制成有图案花纹的转印纸，然后将转印纸与织物紧压叠合，经加热使染料转移到织物上形成花纹图案。印后不必再经洗涤等后处理。转移印花的特点是工艺简单，花纹精致，形象逼真。它改变了传统的印花工艺，既能产生绚丽多彩、层次丰富的色彩效应，又能获得轮廓清晰、造型优美的图案。

(5) 手绘

手绘是图案设计者用毛笔调和染料直接在服装上绘制图案。手绘要求作者具有较高的绘画技巧，绘图者不仅要求了解各种织物的特性，而且还要有驾驭涂料的娴熟技法。手绘可以运用国画、水彩画的表现技法，表现出设计师鲜明的意趣、风格，具有相当的灵活性和随意性。

2) 整理工艺

织物的整理工艺不仅可以改善织物手感，使织物综合性手感得到改善或加强，如柔软度、丰满感、挺括感，有弹性或具有丝绸感、毛型感等，而且可以改进织物外观，使织物的光泽、白净度、鲜艳度得到提高，使悬垂性、飘逸感加强或出现主体花纹、起毛、起绒等效果。织物整理这种对手感和外观效果改进的功能被广泛地运用于服装设计中，我们最常见的就是牛仔、休闲服饰不同方式的洗水整理。又如化纤压皱的面料手感刺硬，通过柔软整理后手感糯滑，提高了面料的可服用性能。

3) 印染装饰与服装材料的艺术设计

(1) 印染装饰的图案

印染装饰的图案设计首先要根据服装的风格、款式、功能、结构、用料以及着装者的身份、情趣、着装的场合、生产条件、销售情况等提出的要求和限制进行图案形象的塑造，这里的客观性是不以人的意志为转移的。在确定了意向方案以后,设计者就要基于造型的灵感来源及原型选择造型手法进行图案设计。造型的手法包括写实、变化、抽象等。常见的印染装饰图案有具象的花卉、动物、风景、人物、器物等图案;抽象的几何、随意、文字等图案。此外,无序的图案也是现代服装设计中常用的一种图案构成,它是基于数字技术的基础上发展起来的。电脑参与设计以后直接导致了新的风格的形成,也促进了新的审美情趣。数字化的喷射印花技术则为这种艺术设计手法的发展和推广提供了强有力的后盾。图案的造型风格与面料风格的统一也是印染装饰一个不可忽视的重点。例如:麻织物向往的沉稳、质朴、粗涩的感觉;毛织物崇尚的中庸、柔和、敦厚的品质;丝织物追求的富贵、绚丽、精致外表……

(2)印染装饰的色彩

色彩永远是服装的一个主题,因此,色彩效果对于服装的视觉效果起到了决定性的作用。如何获得色彩?对于图案色彩,转移处理是一个直接而有效的方法。转移处理其意就是抽象的模拟。设计者可以依据现实的照片、绘画作品、艺术作品等去其形式框架,分析其色彩关系,根据其色彩配比关系选择色彩填充到图案形式中去。当然,对于服装这种极具流行性的商品而言,对于流行色的把握的恰当程度是作品实现商业价值的关键。

4.5.2 刺绣工艺与服装材质的艺术设计

刺绣俗称"绣花",是在已加工好的服装材料上,以针引线,按照设计要求进行穿刺,通过运针绣线,对服装面料进行装饰、美化和再加工的一种工艺。刺绣工艺仍是服装面料装饰的重要方式之一并被普遍运用于各类服装和服饰用品上。随着科学技术的发展,刺绣在材料、工具、加工技术方面不断得到提高,新的绣种也层出不穷,加之与各类新型面料的结合使传统的刺绣工艺在今天的服装上大放异彩(图 4-2)。刺绣从加工工艺上可分为彩绣、包梗绣、雕绣、贴布绣、钉针绣、抽纱绣等等;在加工方式上又可将其分为手工刺绣、缝纫机刺绣和电

图 4-2 刺绣装饰与服装设计

脑刺绣三类。

1）刺绣工艺

（1）彩绣

指以各种彩色绣制花纹图案的刺绣技艺，具有绣面平服、针法丰富、线迹精细、色彩鲜明的特点。彩绣的装饰效果显著，在服装面料装饰上应用广泛。彩绣的工艺主要体现在针法和选配线色上。彩绣的针法主要有线形针法、锁链针法、锁边缝线针迹针法、花结针法、缎绣线迹针法、羽状线迹针法、人字形线迹针法等。选配线色是色彩变化的主要手法，彩绣以线代笔，通过多种彩色绣线的重叠、并置、交错产生华而不俗的色彩效果。

（2）珠绣

珠绣以空心珠子、珠管、人造宝石、闪光珠片等为材料，绣缀于面料上的绣缀品，它具有珠光宝气、耀眼夺目的效果。珠绣的图案是以点来构成，五光十色、形态各异、大小不一的材料连缀、重叠、集聚、组合，既可以构造成线又可以构造成面。珠绣的装饰图案形式多样，早期的设计来源于挂毯和刺绣，后受各艺术思潮的影响而出现抽象纹样、具有东方色彩纹样。但经典的花卉纹样一直经久不衰。珠绣选用的面料要有一定的支撑力度，在设计过程中要通过处理好图案虚实来控制图案的重量，从而达到与面料质地相匹配。

（3）雕绣

雕绣又称镂空绣，它的最大特点是在绣制过程中按花纹修剪出孔洞，并在剪出的孔洞里用线以不同方法绣出图案，使绣面上既有实地花又有镂空花，虚实相衬，富有情趣。雕绣的要点在于花形清晰、雕空均匀、针脚齐整。

（4）十字绣

十字绣也称十字挑花、挑线、架花、挑罗、拉棱、撇花等。

十字绣是一种在民间广泛流传的传统绣方法，是利用十字布的粗布纹，按布纹绣出有规律的花样来。绘制十字绣的图案设计要用方格纸，先在方格纸上描绘出图案曲线，然后在格子上将曲线改成阶梯状。对于彩绣的图案，要注意标明颜色的位置。

（5）抽丝绣

是根据设计图案的部位先在织物上抽去一定数量的经纱和纬纱，然后利用布面上留下的布丝，用绣线进行有规律的编绕扎结，编出透孔的纱眼，组合成各种图案纹样。抽丝绣具有独特的网眼效果，秀丽纤巧，玲珑剔透，装饰效果很强。抽丝绣的图案外围使用包梗绣绣出轮廓，然后在图案内按照一定的规律抽出纱线，因此纵横均为直线的图案纹样最为适合。

（6）饰带绣

饰带绣又称扁带绣，是把细丝带作为线装饰于布面上的技艺。对于图案的选择，由于丝带的特性，选择粗线条图案为刺绣纹样较为适宜。此外，质地松软的面料也是这种装饰最佳的选择。

（7）电脑绣花

电脑绣花是现代工业生产中首推的一种绣花方法。电脑辅助设计可以快速地设计出花型，并准确地将其转换成绣花机的针法。机器的运作使得原本耗时费力的刺绣工艺变得快捷而品质纯一，非常有利于大批量的生产。电脑辅助设计缩短了设计构思效果与成品实物效果的距离，这为多品种小批量快节奏服装产品设计与生产提供便捷的工艺制造途径。当然电脑绣花也不是万能的，对于传统的刺绣工艺它并不是全都能模仿。但由于科技的发展，电脑绣花在追寻模仿传统刺绣工艺的同时，也带来新的表现风格。现在投入生产使用的机器除了可完成一般的刺绣品种外还可以完成珠片绣、亮片绣、金片绣、雕孔绣、绳绣、毛巾绣与植线绣等。技术的改进，为设计师创造了更广泛的设计空间与自由度。

2）刺绣装饰与服装材料的艺术设计

（1）传统与现代的重组

刺绣装饰有着悠久的历史，伴随着人类历史的发展历程，刺绣装饰无论在图案造型、色彩搭配上还是在刺绣技法上都形成了完整、独特的艺术形式。现代刺绣装饰将古老的刺绣艺术与现代审美意识重组，以传统的刺绣文化为设计的渊源，不断探索和挖掘民族文化的璀璨，在流行的时尚元素中注入文化的内涵，提高了服装的品位，强化了服装的风格。以现代的思维去理解传统，以西方的视角去看东方的民族文化，以传统的工艺手法去表现现代的艺术风格等都是较为常见的重组手法。

（2）装饰与材料风格

刺绣的材质和服装面料风格质地的和谐是设计的关键。麻纤维织物通常呈天然的乳白或浅黄的色彩，色泽柔和、明亮，而且表面常有不规则的粗细条痕及粗节纱、大肚纱等所形成的特殊肌理质感，所以呈现出一种独特的淳朴粗犷的特殊的肌理感。在选择装饰材料时可以考虑采用质地粗犷的纱线、毛线作为刺绣用线，此外木质、贝壳、亚光的珠饰等是很好的点缀材料。在丝绸面料上的刺绣装饰可以说历史久远，品类繁多。细致精巧、富丽堂皇是这类材料装饰的特点，光泽绚丽、色彩多样的丝线、珠片是这种材料的首选。

4.5.3 编织工艺与服装材质的艺术设计

编织工艺包括结、织、钩等手工技巧，是指运用绳线条类的纤维材料编结或编织制作完成的编织物。由于编织品具有独特的审美价值，它被广泛运用于服装设计中。运用编织方法构成的服装风格别致，有的粗犷豪放，有的则细致精美。都市的工业化已使人们感觉厌烦，对于手工技艺感的情趣和个性化品位服饰的追求已经成为潮流之一，编织工艺得到人们的宠爱，它构成的服装不仅是实用品而且是具有装饰功能的艺术品（图 4-3）。

1）编结工艺

编结又称花结或装饰结。编结工艺指运用绳线类纤维材料，一边编一边结而形成既平面又立体的编织物，这种工艺强调的是丰富的结形以及手工技巧和材料的灵活运用。

线绳是编结的主要材料，它的种类很多，包括丝绳、皮绳、棉绳、麻绳等。

绳结编织的方法很多，主要分为基本结法、变化结法和组合结法。基本结法包括双钱结法、双联结法、同心结、万字结、十字结、纽扣结、平结、二环结、抽线结、云雀结、秘鲁结、鱼鳞结等。变化结法是由基础结法变化而来的，例如五环节是在二环结的基础上完成的，龟背结是在双钱结的基础上变化而得的。组合结法包括了很多编结方法复杂、造型奇特的结式，例如盘长结、鲤鱼结、蝴蝶结等。

图 4-3　编织工艺与服装设计

2）棒针编织工艺

棒针编织工艺是指使用绳线条类纤维材料和编织工具通过线圈的套结来完成的编织物，丰富的立体感是这类织物的特点。线圈套结方式的多样化决定了织物感官效果的多样化，也为服装设计中材料设计的多样化提供了设计的空间。最常见的服装类棒针编织品有毛衣、围巾、袜子、手套、帽子等。结合多变的针法运用绒线、花色线或个性化的线材，使得设计师们风格化的时尚作品笔笔生辉。

棒针编织基本的方法有两种：一是用两根棒针来回编平面织物；二是用四根或环行棒针编织的筒形编织物。棒针的材质包括竹制、塑料、金属、象牙等，对于棒针的粗细人们赋予不同的编号。棒针的粗细和带针手势的松紧决定了织物的平服细密。

棒针编织在服装材料设计中主要表现在两个方面：一是设计线圈套结方式。线圈的套结方式是变化织物肌理图案主要工艺所在，通过变化线圈套结方式，可以设计出许多肌理花型。二是线材的选择。线材选择包括对已开发线材的选择，同时也包括对线材诸如染色、纺线、合并、组合等的开发设计。线材的选择在另一层面上的意义在于线材同编织图案的组合。合理、恰当的组合是准确传达设计者意图和表现设计风格的关键。

3）钩针编织工艺

钩编是指运用绳线纤维材料和带钩的工具将线钩编成各种花形的技法。钩编作品具有细致精巧、立体感丰富、装饰效果强的特点。类似于棒针织物，钩编设计重点在于钩编花形的设计同绳线材料的选择。

4.5.4　模型冲压切割工艺同服装材料的设计

模型冲压是指运用一定的模具通过高压的作用，对裁片层快速冲压得到多样的图案。这种冲压既可以使服装材料得到镂空的效果，又可以得到多样图案的材片。模型冲压对服装材料具有一定的要求，对于组织紧密的纯涤织物以及皮革类材料，模型冲压可以形成完整而清晰的冲压图案，而且图案切口不易破损。镂空图案的设计则是运用这种工艺进行设计的关键，除了关注图案设计的形态以外，还需要关心镂空图案的大小、疏密对服装材料造型等性能的影响。

对于面积较大的图案切割，可以采用激光雕刻切割系统。这是一种集激光、自动控制、精密机械、计算机 CAM 控制等高新技术于一体的机器设备系统，运用于服装面料艺术设计，它具有以下特点：

（1）采用计算机成图，人机对话界面友好，操作简便，可以制作各种纹样，字体丰富、规范，图形生成快，并可任意缩放，可以完成所想及所得的直观的艺术创作效果。

（2）由计算机直接控制机床运行，使图形再现更加精确可靠，加工精度高；雕刻切割幅面大，便于排版套裁，提高工效；为设计品的批量生产提供了品质稳定的保障。

（3）激光切割、雕刻一机两用。借助于数字技术和高精密的仪器设备，设计师可以将要表现的图案造型切割与雕刻在面料上，形成一种独特的视知觉效应。

4.5.5 工艺与服装材料的艺术设计

服装材料皱缩工艺是指运用绣缝、手工扎皱等方法，利用机械热定型或收缩膜热定型原理使面料表面产生立体浮雕效果的一种工艺方法（图 4-4）。这种工艺方法主要包括绣缝皱缩工艺、手工扎皱热定型工艺、热收缩膜定型工艺和机械压皱定型工艺。

图 4-4　皱缩工艺与服装设计

1）绣缝皱缩工艺

指利用绣花机器设备或手工绣缝工艺，结合平面构成的原理和方法，抽缩面料，最后以线固定其形成的立体浮雕的效果。这种效果的稳定性同缝线的品质有很大关系，如果缝线处在穿着过程中脱落的话，这种效果浮雕效果就会消失。此外，在设计过程中，平面构成的形态变化留给设计者以较为广阔的设计空间。

2）手工扎皱热定型工艺

这是一种传统的成形工艺，利用涤纶面料的热定型性，结合不同的扎皱方式，在高温烘烤与高温高压蒸煮的工艺作用后冷却定型，形成不同的肌理。此外，如果结合染色工艺，服装将会形成变化莫测的色彩效果。

3）热收缩膜定型工艺

这是一种新兴的工艺方法，利用涤纶、维纶等化学纤维的热定型性和热收缩膜与水溶线的特点而形成皱缩。通过不同的附膜方式结合不同的绣花图样的设计，可以形成众多的缩皱纹样。这种工艺生产出来的纹样细腻多变，可以运用于服装的整体皱缩，纹样和服装浑然一体，如果结合多种装饰工艺，能留给设计师广阔的艺术创作空间。

4）机械压皱定型工艺

这是一种传统的工艺方法，利用设计机器推动面料的方式与工艺参数，结合涤纶、维纶等化学纤维的热定型性，形成不同的线形纹样。此外，也有人利用纹样模型，通过热压面料形成图案，但由于面料手感较硬而没有得到推广。

课后练习

1. 调研面料市场，选取20种常用的典型面料，分析其服用性能，评价其风格特征，以简短的文字表达出来。

2. 收集服装材料，运用所学的装饰工艺手法设计特殊肌理特征的面料小样5~10款，并运用到服装款式设计中，绘出效果图。

5 服装款式设计

学习目标

学习本章,学生应该能够:

1. 理解服装款式设计的三个基本要素;
2. 掌握服装外轮廓的分类及其服装外形的表现形式;
3. 选择适当的造型、样式及细节表现设计理念;
4. 运用形式美原理设计入时的服装;
5. 对流行服饰形象进行风格归类。

服装款式设计是服装设计的三大基本要素(色彩、面料、款式)之一。款式设计还包括服装的外轮廓、服装内结构、服装细部设计三个基本元素,因而服装款式是服装设计中的重要部分,可以说各种原理、要素都贯穿于服装造型设计的全过程。设计师通过对穿着者体型、人体运动及空间因素的有效分析,树立起完整的立体形态概念,同时把握市场的需求不断创新,通过对服装廓型、结构、细部创意性设计,综合色彩、面料肌理、图案以及装饰配件等进行整体设计,使服装别具风格。

5.1 服装造型设计

造型,是设计创作手段之一。雕塑的造型是在三维空间中运用某种物质材料直接塑造形象,服装立体造型有着与雕塑一样的相同的构成原理和体态特征,服装是包裹在人体上的造型,又称"人体包装"或"人体软雕塑"。服装虽然用软的纺织品面料披挂在人体上,但仍然能通过改变材料和结构的方法塑造各种不同的外形,表现为服装在三维空间中整体轮廓及外貌形态特征。任何服装造型都有一个正视或侧视的外观轮廓,这就是我们预测和研究服装流行趋势常常提到的"廓型"。设计师在设计服装款式时,首先应该把握住外轮廓的形态,通过对服装外形的塑造,使人着装外形符合人们的审美观,而外轮廓设计最能够体现这种设计结果,它强调或夸张人体某部分,从而获得人体美的效果,使服装样式呈现出不同的风格。因此,服装外形不仅表现了服装的造型风格,而且也是表达人体美的重要手段,可以说外形线在服装款式设计中居于主导地位。

5.1.1 服装外轮廓

服装外轮廓(Silhouette)即轮廓、侧影、剪影。在许多英语服饰辞典里,将各类服饰归类在Silhouette或line里,这说明外形对于服装款式是何等的重要。它进入人们视觉的强度和速度高于服装内结构、服装款式细节,能给人以深刻的视觉印象,因而最先反映服装的美感及造型风格。服装外形的变化是最具有时代特征的,它以简洁、直观、明确的形象特征反映着服装造型的体态特点,同时也是流行时尚的缩影,其变化蕴含着深厚的社会内容,直接反映了不同历史时期的服装风貌。

举例来说,第二次世界大战期间,女性穿着宽肩男性造型的女装,带有军服型的痕迹。随着战争的结束,巴黎设计师克里斯蒂安·迪奥(Christian Dior)在1947年发布了他的第一个服装系列“新造型”(New look)。迪奥的“新造型”装具有独特的造型线,强调女性典雅柔美的曲线,优雅自然的肩形、丰胸、细腰、圆臀,一扫战争的阴影,宣告和平盛世的到来,轰动了巴黎和欧美,成为时装界划时代的佳作。随后10年,在每一年时装发布会上,迪奥都以服装外形线来命名,如H形线、A形线、Y形线等。而且每个服装系列都成为时装流行的最高权威(图5-1)。

图5-1　A形线　H形线　T形线　X形线

时装流行变化最重要的特征之一仍然是外轮廓线,如20世纪50年代的字母形,60年代“迷你”型的直线形短裙,70年代末的倒三角形外套及喇叭裤,80年代初的长方形和宽肩倒三角形等,90年代贴身形和21世纪初的自然形等。由此可以看出,流行款式演变的鲜明特点即是外轮廓线的改变,服装外轮廓线的变化是服装各个时期样式的分水岭。设计师根据外轮廓线的更迭变化,分析整理出服装演变发展的规律,进一步预测流行款式。因此,把握外形特征是服装造型设计的关键。我们将服装外轮廓造型中最具代表性的以字母型、物态型等来表示,他们具有简单直观、易识、易记的优点。

1）字母型

就是以字母形态特征表示服装造型特点。以英文字母为主,最基本的廓型可概括为A型、X型、T型、O型、H型、S型等。

（1）A 型（A Line）

指上小下大三角造型的服装，具有活泼、潇洒、富有青春活力等性格特点，也被称为年轻的外形，广泛用于大衣、连衣裙的设计中。

（2）X 型（X Line）

宽肩、细腰、裙摆宽大，呈现 X 造型。X 造型能充分展示女性优美舒展的曲线轮廓，体现女性的柔美与雅致。X 造型的女装美感是不言而喻的，许多晚礼服的设计都采用 X 造型，近代服装大师常常运用这种造型风格来创造新的时尚，它在服装造型中占有重要地位。

（3）T 型（T Line）

其特点是夸张肩部，收敛下摆，形成上宽下窄的效果，是具有男性体态特征的外形线，形似英文字母 T。由于对肩部的夸张，使得整个线条充满了大方、洒脱的气氛。二战后曾作为军服变体的 T 型外形服装在欧洲妇女中流行过。皮尔·卡丹（Pierre Cardin）将几何型运用于服装，使服装呈现出很强的立体造型和装饰性，是对 T 型服装的新诠释。

（4）O 型（O Line）

一般在肩、腰、下摆等处无明显的棱角和大幅度的变化，丰满圆润、丰厚休闲，给人以亲切柔和的自然感觉。这种服装造型夸张，适用于创意装的设计。在现代成衣设计中常作为服装的一个组成部分，如领、袖或裙、上衣、裤等单品的设计。

（5）H 型（H Line）

不夸张肩部，不收紧腰部，不夸张下摆，形成类似直筒的外形，似英文字母 H，它具有修长、简约、安详、庄重的特点，1954 年由迪奥推出。1957 年 H 型外形又一次被法国时装设计大师巴伦夏加再次推出，被称为“布袋形”。60 年代风靡于世，80 年代初再度流行。由于 H 型线条的简洁、流畅，因此在男女休闲装中常被采用。

（6）S 型（S Line）

这是一种最具备女性特征的外形，外形为侧视服装所表现——突出胸部、收腰、夸张臀部或裙摆收紧的特点，展示女性曲线美。时装大师克里斯蒂安·拉克鲁瓦（Christian Lacroix）设计的女装突出体现了这种极度女性化的风格。

2）物态形

大千世界，自然界万物形态各异，给设计师以无穷的灵感来源，不断丰富着设计师的表现风格。物态形是以大自然或生活中的物体形态命名的外轮廓形，具有直观、明了、富于想象的特点。如汽球形、酒瓶形、桶形、帐篷形、喇叭形、郁金香形等造型（图 5-2）。

5.1.2 服装外形线变化的主要部位

服装造型离不开人的基本体形，因此服装外形线的变化不是盲目的、随心所欲的，而是应该依据人体的形态结构进行设计。影响服装外形的主要部位是肩部造型、胸部造型、腰线的高低和腰部围度的宽松状态，臀部围度的松度状态，衣摆线的位置和形态，裤长的位置和裤口的宽度等，它们之间的宽松收紧、大小变化衍生出许多风格各异的造型组合，这些是造型变化的主要部位。同一种造型，在不同时代赋予不同材质，它的视觉效果和穿着风格也会发生变化。

图 5-2

1）肩

肩是服装造型设计中限制相对较多的部位，其变化的幅度远不如腰和底边线自如。历史上有过许多样式的肩部处理，无论是溜肩还是平肩，是垫肩还是耸肩，基本上都是依附肩部的形态略作变化而产生新的效果。20 世纪 80 年代流行意大利设计师乔治·阿玛尼设计的宽肩女装，这种特别夸大肩外形的宽肩设计是对女装宽肩造型的一大突破，给女装带来了全新的男性气质。皮尔·卡丹风靡欧美的翘肩女装，灵感来自于中国古建筑的飞檐翘角，使女装在不失优雅秀丽的同时增添了几分帅气。

2）腰

腰是服装造型中举足轻重的部位，变化极为丰富。腰部的形态变化大致有两种方法：腰的宽窄、腰线位置的高低。

（1）腰的宽窄——束腰与松腰

西方的服装设计师把腰部设计归纳为 X 型和 H 型。X 型即束腰，由于腰部紧束，能完美地展现女性的窈窕身材，塑造轻柔、纤细的古典之美，许多晚礼服的设计都采用 X 型，通过立体裁剪才能达到完美合体的效果。H 型即松腰，腰部呈自由宽松形态，体现自然随意的设计风格。束腰与松腰这两种形式常交替变化，20 世纪就经历了 H→X→H 型的多次变化，而每一次变化都具有鲜明的时代特征。

（2）腰线位置的高低——高腰式、中腰式、低腰式

腰线位置的高低变化使服装上下的比例关系出现差异，使衣装呈现出不同的形态与风格，形成高腰式、中腰式、低腰式的服装。高腰收腰设计抬高视线，给人以身材颀长的感觉，低腰设计降低视线，这两种多用于现代礼服设计。中腰收腰服装端庄自然，多用于职业服设计。

3）底摆

底摆，即衣和裙下摆的底边线或高或低，它无疑反映出服装造型比例和审美意识，更是时尚变化的一个重要标志，并决定服装风格的走向。

（1）底摆的位置

裙长最大变化发生在 20 世纪。自 20 世纪 20 年代开始，西方女性服装的裙底边线从拖地长摆逐渐上移到腓骨部，直到 20 世纪 60 年代末的迷你裙，把裙底边线上移到大腿根部超短

的位置。70年代裙长又急转直下，底边线在膝与踝之间徘徊。80年代裙长则稳定在腓骨部之间，90年代裙长重新恢复到膝盖以上，之后又在膝盖上下徘徊。女裙底边线的这种长短不断演变，变化丰富，直接反映服装造型比例，是服装流行的重要标志之一，也给服饰制造商带来无限商机。例如流行短裙时，时髦长筒靴以及与短裙相搭配的服饰特别畅销；一旦流行长裙，相对长筒靴而言短靴以及与长裙相搭配的服饰就特别畅销。

（2）底摆的形状

底边线除在长度上有所变化外，在形态上变化也很丰富，如直线形底边、曲线形底边、折线形底边、对称形底边、非对称形底边等。由于底边线千变万化，使服装外形线呈现出多种风格与形状。近年来流行的各款非对称裙摆，给女装带来颇具影响的时髦效果。

4）围度

围度的大小对服装外形的影响最大。一般说来，围度变化表现在臀部和裙底摆。历史上西方贵族的女裙，在裙里以鲸骨箍作内衬夸张臀围及裙的围度，产生一种炫耀性的装饰性效果。现代又用紧身裤（莱卡弹性纤维）收缩腰围和臀围。不同的围度线使服装产生不同的外形，形成风格各异的服装。

服装填充物都集中在女裙臀部、肩部、裙底摆等部位。现代舞台戏剧装有时为了舞台效果，也常作夸张性的设计。

5.1.3 外形线的视觉效果

服装在三维空间中，最能吸引人们视线的首先是轮廓线，而轮廓线与人体相结合，显示出肩、腰、臀的各自差别与变化，这些变化大于人体的比例，同时也可以改变人体的比例，从而产生特殊的视觉效果。

匀称的人体比例是美丽的，通常适合于人体比例的服装称为黄金比例，即是以腰部按黄金比例分截，服装的长度比例是3:5或5:8为最佳。即上衣为三，裙长为五；或者上衣为五，裤长为八。黄金比例运用普遍，视觉效果最为理想。

上下相等的比例则没有主次，使人感觉平淡。除了衣服长度轮廓线的比例外，比例还存在于服装各部分尺寸间的对比关系，也需善加处理。随着时代的流行与审美变化，运用夸张的比例和外形，带有强烈的视觉冲击力及个性也成为一种时尚。时装王国的永恒定律就是视觉的愉悦感，只有视觉愉悦才能引发美的感觉。不同的比例，除了审美、流行、时尚之外，还取决于面料的发展。面料的垂性、弹性、硬挺性都是决定设计的因素之一，因而用不同的比例来展示面料的特殊与风格也是设计必须考虑的因素。（图5-3）

图 5-3

5.2 服装结构线的设计

确定外形轮廓形状后，就要考虑服装内部结构。服装是立体的，服装设计除了首先要满足穿着舒适实用功能外，还应理解人体的形态特征、活动状态等。结构的概念是依据自然人体而建立，利用外形设计和内在结构的设计强调人体优美造型，展示服装与人体完美结合的整体魅力，是设计者的必修课。

5.2.1 服装结构线的特性

服装的结构线是指体现在服装各个拼接部位，构成服装整体形态的线，具体来说有省道线、剪缉线、褶裥线、装饰线以及面料线条图案等。

由于人体是由起伏不平的曲面组成的立体，因而要在平面的面料上表现出立体的效果，必须收去多余的部分，主要通过省道与裥的设置来实现这一目的。省是缝合固定的，根据所设的不同的位置，分为胸省、腰省、肩省、背省、臀位省等。虽然外观形态不同，但在构成服装时的作用是相同的，就是服装各部件结构合理、形态美观，达到适应人体、美化人体的效果。

5.2.2 结构线的种类

1）省道线

省道线把布披在人体上，根据人体起伏变化的需要，把多余的布省去，制作出适合人体形态的衣服。省道是围绕某一最高点转移的，形状为三角形，人体各部位的省道分别称为胸省、腰省、臀位省、后背省、腹省、手肘省等。

以胸省为例，胸省以胸部乳房最高点为中心，向四方做省道，因在前胸部位，故称胸省。胸省可根据造型设计的需要选择合适的省位，进行多种形式的变化。在女装中，胸省和腰省是关键而重要的造型因素。有时，为了保持胸部衣料纹样的完整，或使前胸的曲线起伏更为突出优美，也常运用腰省配合造型。服装结构是依据人体及人体运动而确定的，因此首先应具有舒适、合身、便于行动的性能；在此基础上，使服装具有装饰美感与和谐统一的风格。设计省道需要注意几点：省道无论怎样变化，两条省边线长度必须相等，布料上如有图案（如条纹、格子纹样），那么在省道的处理上要特别注意，不能破坏布料纹样美。在设计前要弄清布料形态和构成。总之，省道技术不仅是一项制衣技术，也是设计中值得我们研究与探索的课题。

2）剪缉线（又称分割线、开刀线）

剪缉线的作用是从造型美出发，把衣服分割成几个部分，然后缝制成衣，以求适体美观。剪缉线可分为四种主要基本形式：垂直线、水平线、斜线、曲线。

（1）垂直线

服装的垂直分割线具有强调高度的作用，使人产生错觉，给人以修长、挺拔之感。垂直分割往往与省道结合在一起，也是省道线的延伸，形成上身合体，裙下摆向外展开的造型，如公主线等便是如此。

（2）水平线

水平分割有加强幅面宽度的作用。服装上的水平分割结构给人以横向、平衡、连绵的印象；横向的分割愈多，就愈富于律动感。设计女装时，常使用这类横向开刀线作为装饰线，并加以滚边、嵌条、缀花边、细皱褶等工艺手法。

（3）斜线

斜线分割的关键在于倾斜度的把握，斜度不同则外观效果不一。45 度的斜度不显长或显宽，具有掩饰体形的作用，故对于胖型或瘦型人体都很适宜。因此，运用得当能产生轻松、活泼、动感的效果。

（4）曲线

曲线分割与垂直、水平分割的原理相同，只是连接胸省、腰省、臀位省道时，以柔和优美的曲线取代短而间断的省道线，具有独特的装饰作用。利用视错效应，可将曲线分割运用得十分巧妙自然，给人以潇洒、圆满、灵活、柔和、优雅别致的感觉。

3）褶

褶将布料折叠缝制成多种形态的线条状，外观富于立体感，给人以自然、飘逸的感觉。褶在服装上的运用十分广泛，男装茄克衫、衬衫，女衬衫、裙装，童装等。褶使服装具有一定的放松度，以适应人体活动的需要，补正体形的不足，同时亦可作为服装装饰之用。褶可分为褶裥、细皱褶和自然褶三类。

（1）褶裥

褶裥是把布折叠成一个个的裥，经烫压后形成有规律、有方向的衣褶。褶裥因折叠和缝制的方式不同，有顺褶、工字褶、缉线褶（明线褶、暗线褶）之分。褶还可以设计成宽窄交错，或活褶与缉线褶交错的形式，使旋律感得以加强，也更富于魅力。一些带有条、格、点等几何形图案的布料，根据图案的色彩和形状折叠成褶裥，会产生别致的图形和饶有趣味的效果。

褶裥裙的适用范围较广，瘦高的人穿着后显得更为修长苗条；粗壮的女性则可以增加其垂直分割的效果，减弱宽度。

（2）细皱褶

细皱褶是以小针脚在布料上缝好后将缝线抽紧，使布料自由收成细小的皱褶。这种皱褶形成的线条给人以蓬松柔和、自由活泼的感觉，若选用柔软轻薄的面料缝制细皱褶则效果更好。

细皱褶在女装与童装中运用极多，富于变化。如收拢成帐篷式的灯笼袖、灯笼裤、灯笼裙，用于裙边、袖口、领口等处的装饰，现代许多成衣的设计特别巧妙而熟练地使用各种细皱褶装饰在覆肩、前胸、克夫、腰部代替道省，细皱褶自由流动的线条具有别致的装饰效果，表现出非凡的华丽与典雅。

（3）自然褶

自然褶是利用布料的悬垂性及经纬线的斜度自然形成的褶。常用的波浪褶即是一种自然褶，如 360 度的圆台裙，以中心小圆作为裙腰，外围大圆自然下垂形成生动的波浪状的褶，褶纹曲折起伏，优美而流畅。自然褶的另一种形式是仿古希腊、古罗马的服装，把布自由地披在人体上，利用布料的皱折自由收褶，褶纹随意而简练——运用立体裁剪方法。

服装结构设计中只有根据不同的款式风格和体态特征，巧妙地运用省道、褶裥和剪辑线，充分考虑内外结构线的统一与协调，才能使服装造型更为丰富多彩。（图 5-4）

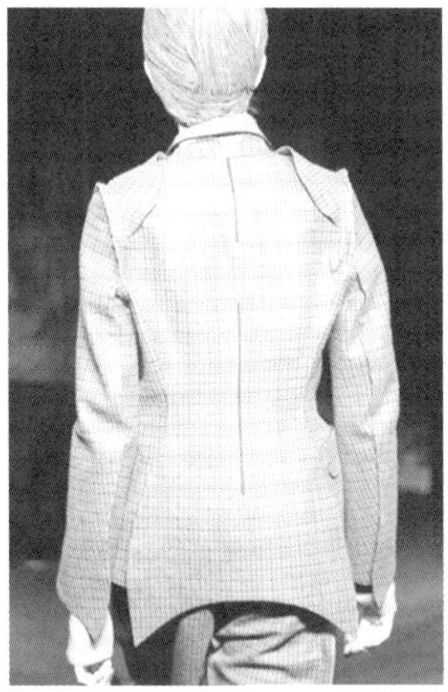

图 5-4

5.2.3 服装设计中线的运用

线条、比例的均衡法则的运用是服装设计师应具备的基本概念。服装线条包括服装的轮廓线、开刀线、装饰线、褶裥线，以及服装各部位如领、袋、腰等的造型线。设计师的工作便是将这些线运用于剪裁上，创造出完美的服装造型。

1）线条体现服装风格

服装造型是依据人体的起伏，通过省道线的处理，使衣服更贴切地穿着在人体上，而成为一个立体的造型。不同时期的服装以及不同设计师的作品在服装线条的处理上总是各具特色，显示出多变化的风格。如古希腊人的服装，通过自由褶裥的形式产生了许多垂直线条，给人一种自由飘逸的感觉；东方式的大袍，是以布的松散状、褶皱状缠裹在人体上，给人一种宽松、含蓄、随意的感觉；英国式传统套装，显得严谨、合体。设计师在设计造型时会谨慎小心地安排衣服上每一条省道线的位置、长短以及形状。20 世纪 50 年代的套装，将省道转移至腋下等不显眼之处，强调圆肩、细腰、丰臀的郁金香造型。牛仔装将省道转换为育克，并缉以明线的牛仔线，以示线条的特殊效应。巧妙地运用省道线、分割线，既可塑造完美、严谨、适体的套装，以表现衣着者的优美体态，又可给套装平添许多艺术趣味和装饰效果，使衣着者更显示其个性特征。因此，成功地把握和运用好服装造型中的各种线条，有助于完美地体现服装的设计风格。

2）装饰线的运用

服装的装饰线包括镶边线、嵌线、细褶线、缉明线、波浪线以及线条形态的装饰花纹等。装饰线运用得当，可使服装产生精致秀美的效果，同时也有助于体现服装特有的情趣。中国的民族服装旗袍常采用镶边、嵌线等技艺，在衣襟、领口、袖口、下摆部位加以装饰，使旗袍显得更加端庄高雅。牛仔服，其突出的造型风格便是缉明线的运用，除衣片缝合处的缉线完全显露外，在衣袋、裤袋上再缉以纯装饰性的线条花纹，缉明线的色彩也极为醒目，使服装具有粗犷、洒脱的风貌。此外，服装上的一些装饰花纹作用于不同的面料中，可作装饰之用，能增添衣服的精致感。

5.3 服装的细部设计

在人的视觉中，服装的细部在服装设计中无疑是最精彩的部分，是设计师审美情趣的表达。往往成衣的变化就在于一些部件或局部的变化，通过领、袖、口袋、腰部、装饰配件设计等局部造型表现，为款式设计注入精彩的神韵，展示服装的特色。

5.3.1 领的设计

衣领是服装中至关重要的一个部分，因为领子与领口都是脖颈周围的装饰物，它在服装中起的作用是很重要的。设计出来的领子样式既要适合于脸形，又要符合脖颈的状态。衣领包括领线与领型两个部分，其构成因素主要是领线形状、领座高度、翻折线的形态、领轮廓线的形状以及领尖修饰等，设计时必须注意以下方面：

1）领线

领线是衣领的基础，既可与领子配合构成衣领，也可单独成为领型(无领设计），并可在领线上进行各种工艺修饰，如包边、缀花边等。领线以其开口的大小和形状的变化，产生不同风格以适应种各类服装的需要。常用领线有以下几种:

（1）圆形领

圆形领又称基本型领，是顺着颈窝的弧线弯曲，与人体颈部自然吻合的一种领线。具有庄重、自然的风格。适合于套装、休闲装、内衣的设计。

（2）一字领

这种领线形状的前中心较高，前领线略成弧线，而横开领则较宽大，后领线裁成一字形，穿着后领线基本呈水平状态，其外形像“一”字，因此这种领型称一字领。具有潇洒大方、简洁高雅的风格。

（3）V字领

常用于毛衣、衬衫、男女休闲装及内衣设计等服装上，具有轻便、大方之感。V形领线的深浅变化、横开领宽窄变化给服装带来丰富多变的效果。浅V形领线较柔和；而深V形领线因锐角形象给人以严肃、冷漠感、庄重感，多用于礼服设计。

（4）方形领

方形的领线，领口线平直呈方形，可有大小不同的变化，小领口显得年轻活泼，领口颇具高贵的气质。

在服装设计时，领的设计应根据服装整体风格的需要选择合适得体的领线。一般说来，各种曲线形式的领线显得优雅、华丽、可爱；直线形式的领线则相对严谨、简练、大方。领口较大，显得宽松、凉爽、随意；领口较小则相对来说显得拘谨、严实、正规。

2）领型

领型的造型设计非常丰富，是服装整体设计的重点。领子以形状、大小、高低、翻折的不同，形成了各具特色的服装款式。领型依结构不同，可归纳为以下四种类型：

（1）立领

立领是一种没有领面，只有领座的领型。如旗袍领、中装立领、护士服领、学生装领等。其特点是严谨、典雅、含蓄，造型简练别致。

（2）翻领

翻领如衬衫领、小翻领等。翻领可分为无领座和有后领座二种。其翻领的前领角是款式变化的重点，尤其是女装，可以设计成尖形、方形、椭圆形等。翻领如大翻领或波浪形领等，则主要是依靠领子轮廓的造型变化而产生的。

（3）坦领

坦领是平展贴肩的领型，一般无领座或领座不高于 1 厘米。坦领的领线可根据款式的需要略作变化。如海军水手领则属单片坦领，同时在领边加以条状边饰，领前缀飘带或蝴蝶结等。

（4）驳领

驳领是将领子与衣身缝合后共同翻折，前面门襟敞开的领型，衣身翻折部分叫驳头。根据领子和驳头的连接形式和设计方法，可将驳领分为平驳领、戗驳领、青果领。驳领庄重、干练、成熟，常用于男女西服、套装、风衣、大衣的设计。（图 5-5）

图 5-5

5.3.2 袖的设计

袖子是服装非常重要的部件，其造型与服装整体造型关系很大。袖子设计包括袖窿与袖山和袖口的处理。袖子有无袖、连袖、装袖、插肩袖四种主要设计形式。

1）无袖设计

无袖设计因袖窿位置、形状、大小的不同而呈现出不同的风貌，常用于夏装和晚装设计中。

2）连袖设计

连袖(连裁袖)又称中式袖、和服袖，这是衣身和袖片连在一起，肩部没有拼接线呈自然倾斜或圆顺的造型。由于衣袖下垂时腋下出现微妙的柔软折纹，常采用柔软轻薄的面料，具有东方传统服饰的特点。连袖设计多用于休闲装、家居服、中式服装上，具有含蓄、高雅、舒适、宽松的风格。

3）装袖设计

装袖是根据人体肩部及手臂的结构进行设计，将装袖袖身与袖片分别裁剪，然后装接缝合而成。装袖的袖型合体美观，具有立体感。装袖适用范围很广，西装、衬衫等都是这种装袖形式。

4）插肩袖设计

插肩袖的肩部与袖子是相连的，袖隆线由肩延伸到领窝，因此整个肩部被袖子覆盖，既有连袖的洒脱自然又有装袖的合体舒适。插肩袖的结构线颇具特色，流畅简洁而宽松，行动较为方便自如。这种袖型适用于所有服装，如大衣、风衣、短上衣、连衣裙等，通过袖隆线的不同变化，还可以产生多种多样的款式，所以插肩袖是一种富于变化的袖型。

5）袖型的变化与服装的整体关系

袖型的变化会对服装的造型、风格产生重要影响，不同袖型和服装搭配会带来不同的视觉效果。袖型的设计还根据服装流行的款式而不断变化。当柔软宽松服装式样流行时，可用连裁袖或插肩袖；当严谨合体的服装或紧身样式流行时，使用装袖等多片袖式样，有时也可以使用连裁袖或插肩袖。一些强调衣肩形态的服装，不仅借助于各种形式的衬垫填充，还可采用特殊的衣肩袖结构处理。如采用袖窿宽大的落肩袖型，夸张袖山体积的羊腿袖型，在袖山下处理省道、褶裥、皱褶的袖型。袖窿、袖山、袖口、袖形的长短肥瘦配合多变的装接缝方法，使得袖子款式丰富多样，因此服装衣袖设计的功能性和装饰性是很重要的，袖形大有文章可做。(图 5-6)

图 5-6

5.3.3 口袋设计

口袋是服装上的主要配件之一，种类多，形态变化也多。口袋除实用功能外，还具有装饰作用，口袋设计得合理可以增加服装的趣味感、装饰感和层次感。口袋大体上可分为贴袋、挖袋和插袋。

1）贴袋

贴袋是将布料裁剪成一定的形状后直接缉缝在服装上的一种口袋。贴袋制作简便，样式变化极多。贴袋设计完全显露在服装表面，是服装整体风格的一部分，因此贴袋设计必须考虑与服装风格一致。

2）挖袋

挖袋是在衣身上按一定形状剪成袋口，袋口处以布料缉缝固定，内衬以袋里的口袋。挖袋分开线挖袋、嵌线挖袋和袋盖式挖袋三种。开线挖袋的袋口固定布料较宽，可以制成单开线或双开线，日常服中用得较普遍。嵌线挖袋的袋口固定布料较窄，仅形成一道嵌线状。在开线袋上加缝袋盖，即成为袋盖式挖袋。挖袋的袋口、袋盖可有多种变化，如直线形、弧线形等；在口袋排列上可以呈横、直、斜形变化。

3）插袋

插袋是指在服装拼接缝间留出的口袋。由于口袋附着于服装部件，袋口与服装接口浑然一体，使服装具有整体感、简洁、高雅精致的特征。插袋上也可加各式袋口、袋盖或扣襻来丰富造型。

口袋兼有很强的装饰性和实用性，代表了某一个时期的流行趋势，例如近几年成衣设计中多口袋的设计，强化口袋的装饰作用。因此在进行口袋设计时，需要注意局部与整体之间在大小、比例、形状、位置及风格上的协调统一。一般来说正装、制服、工作服、运动服设计比较注重口袋的造型设计、功能、工艺细节的处理，都围绕着功能性展开设计。口袋的选配还需注意不同服装的功能要求以及服装面料的性能特点。例如礼服、睡衣、舞会装等不强调口袋的设计，丝绸类较轻薄的服装以及紧身合体的服装大多不做口袋，以保持服装的飘逸和舒适感等。（图 5-7）

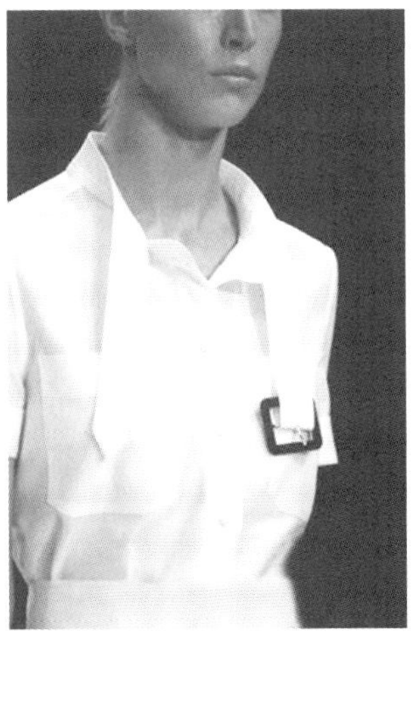

图 5-7

5.3.4 其他细节设计

图 5-8

在服装的育克下部、门襟、腰部、袖口、裤脚处刺绣、打褶等，都能起到装饰服装的效果，给服装变化带来无穷趣味。（图 5-8）

5.3.5 装饰配件设计

装饰配件，指与服装风格相配的所有装饰效果的物件，如饰带、刺绣、蕾丝、腰带、领带、领结、珠片、珠球以及纽扣、拉链、勾环、挂件、标牌等。这类配件运用于服装局部，起到既与服装整体风格相协调，又能强化服装个性的作用。纽扣是服装中不可缺少的部件，它既有固定服装的实用功能又有装饰功能。由于纽扣在服装上处于显眼的位置，因此选择造型别致、最佳色彩的搭配，能产生画龙点睛的效果，体现不凡品位。（图 5-9）

图 5-9

5.4 形式美原理在服装设计中的运用

形式美原理是对自然美加以分析、组织、归纳、整合，从本质上讲就是变化与统一的协调。它是一切视觉艺术都应遵循的美学法则，贯穿于包括绘画、雕塑、建筑等在内的众多艺术形式之中，也是自始至终贯穿于服装设计中的美学法则。体现在服装的款式、服装色彩以及对服装材料的良好处理上，这几种要素间的协调关系促成了和谐整体的诞生。其主要有比例、平衡、旋律、强调、错觉与协调等几个方面的内容。

5.4.1 比例

比例是指设计中不同大小的部位之间的相互配比关系，是指整体与局部、局部与局部之间的长度或面积的数量关系，通过质和量的差所产生的平衡关系。对于服装来说，比例也就是服装各部分尺寸之间的对比关系。对比的数值关系达到了美的统一和协调，被称为比例美。比例应用在服装设计中，应主要考虑以下几个方面：

1）服装与人体比例

服装附着在人体上会在一定程度上使人体比例从外观上来讲发生变化，服装会影响人的形态。例如，低腰的连衣裙会使人看起来变矮一些；影响裙长与整体服装长度的关系；上衣与下装的比例，但是上衣过长会使人体比例失衡，给人不快的视觉感受。

2）服饰配件与人体比例

服饰配件的大小也会直接影响整体着装形象。例如，身材矮小的人尽量避免佩戴过大的耳饰或帽子，这样的装饰失去比例的协调。

3）色彩的比例搭配

色彩的布局与面积大小、位置安排等因素也同样会影响到服装的整体效果。设计师们一直为此努力实践着，以使他们的设计具有动人的比例关系。（图 5-10）

图 5-10

5.4.2 平衡

平衡又称均衡，指两边等质等量所形成的比例。当设计师在谈论平衡时，考虑得更多的是视觉效果上的平衡。平衡的概念有两种——对称平衡和非对称平衡。

1）对称平衡

对称平衡常见形式是左右对称、上下对称等。对称平衡使人产生安详、端庄、安静的感觉。

人体的自然形态基本上是左右对称的，所以穿着对称的服装比较自然、平稳。中国传统服装很多呈对称形式，如对襟坎肩、朝官服等。对称平衡是现代礼服、军服、警服、上班服等很多种类服装常见形式。对称的服装显得庄重、正式，但又稍显保守、单调而缺少动感，一般可用服饰配件搭配来增添变化。

2）非对称平衡

不对称的平衡以外轮廓型、色彩或装饰手法、服装某部位的结构设计方面的不对称为特征，合理安排图案或面料质地来取得视觉上的相对平衡。所以相对而言，形式更加灵活多变，效果也更加富有层次感。例如，19 世纪末的巴斯尔样式，16 世纪男子上重下轻的装束。中式服装的设计中，偏门襟的设计、门襟的直曲形式变化、不对称的纹样等都是不对称服饰风格。现代时装设计多采用非对称形式，给人以不安定、动感，打破过去平稳的、古典的平衡美，创造一种新的平衡。（图 5-11）

图 5-11

5.4.3 旋律

旋律又称节奏。节奏、旋律本是音乐的术语，指音乐中音的连续，音与音之间的高低以及间隔长短在连续奏鸣下反映出的感受。在视觉艺术中点、线、面、体以一定的间隔和方向按规律排列，并由于连续反复之运动也就产生了韵律。这种重复变化的形式有三种：有规律的重复、无规律的重复和等级性的重复。这三种韵律的旋律和节奏不同，在视觉感受上也各有特点。在设计过程中要结合服装风格，巧妙应用以取得独特的韵律美感。

在服装设计中表现为同一元素的多次出现或重复出现，这种重复包括有规律的和无规律的，它是设计的常用手段之一。无论是肌理质地相同的面料还是同样花样的花色或装饰都可成为反复的元素，它们有秩序地间隔出现，使整个设计寓于统一的节奏感。例如，褶皱的多次出现、渐变的颜色交替重叠等等。（图 5-12）

图 5-12

5.4.4 强调

服装须有强调才能生动而引人注目。所谓强调因素是整体中最醒目的部分，它虽然面积不大，但却有"特异"效能，具有吸引人视觉的强大优势，起到画龙点睛的功效。在服装设计中可加以强调的因素很多，主要有色彩的强调、材质肌理的强调、结构的强调等等，通过强调能使服装更具魅力。

1）强调色彩

在设计中，对于同一件衣服的不同部位，或者一套衣服的不同组成部分，或者一系列衣服的不同单件之间的颜色对比要控制得和谐、富于整体感，做到统一而又不失变化。在进行颜色搭配时，要充分考虑到颜色组合的视觉效果。首先头脑中要有一个大概的定位，例如，是热情活泼的，还是宁静温和的，还是冷峻深沉的。然后确定所用的色彩是以哪一种调和方式出现，橘色和苹果绿色的组合青春、热烈；浅粉红色与浅灰色组合含蓄、温和；黑色与咖啡色组合则深邃而神秘。

2）强调结构

谈结构对比就不能不举皮尔·卡丹的例子。作为建筑设计师的皮尔·卡丹转行投身于服装业，他的作品就带有浓厚的建筑结构味道，几何结构的对比很明确。他曾经让模特戴上螺旋形的帽子配圆柱形的连衣裙以及肩部呈半圆形的披肩。人们常说"没有规矩，不成方圆"，而方圆之对比又是最简单却最为有效、最为直接的。

3）强调材质

在服装设计中，对于材质的关注是永远放在前列的，恰当的材质往往能从根本上改变服装的等级与品位。现在世界上很多著名的品牌每年都要花费巨大的人力、物力和财力去研究他们的材料，如材料的肌理面貌、真正的穿着性能或者纤维组织结构。好的设计能够将材质的搭配做到和谐优美，这其中当然有流行趋势的因素在里面，但是根本的规律还是统一的。例如，针织面料与皮革的搭配就被认为是秋冬感觉的体现，而皮革与丝绸的搭配却是高贵与另类的象征——它突破了季节的概念，大胆的组合取得了非凡的效果。但是，越是大胆前卫的设计，其风险也越大。（图 5-13）

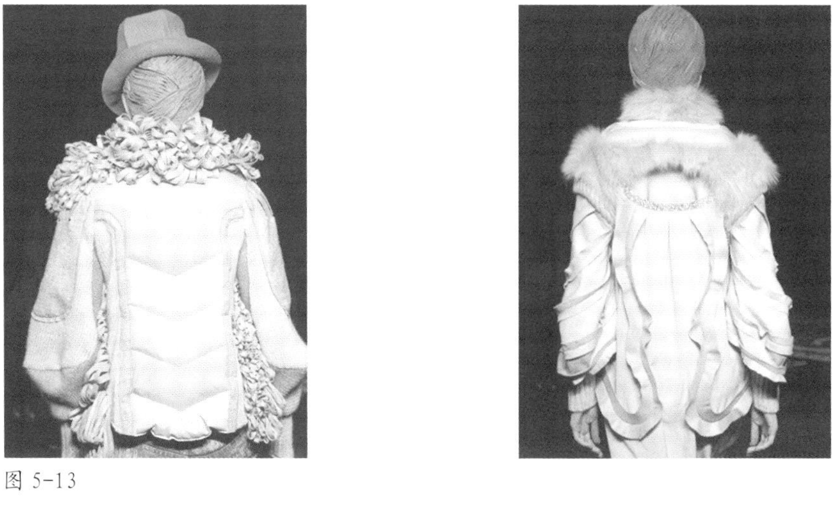

图 5-13

4）强调装饰

在服装上刺绣、花边、盘扣、袖袢、肩袢、打褶、折叠、印花、手绘图案等，都能强调服装的气氛，使服装的美感更强。强调装饰应因衣因人而异，优秀的设计都会有一个强调中心，这个中心应该是视觉焦点。切忌多个中心而使焦点分散。（图 5-14）

5.4.5 错觉

根据观察经验使人们对事物的主观判断与事实不符就会产生错觉，其中有对图形的错觉、对色彩的错觉、对运动的错觉以及对空间的错觉等。而服装设计有时恰恰是利用人们正常的视错觉来达到很好的效果。现代波普艺术被应用到服装设计中的例子就能很好地说明这一点。例如，利用衣服条纹图案的间距变化使人们觉得人体某些部位向外凸出，某些部位向内凹陷。同样款式的衣服，纯黑色面料的就要比白底小碎花图案面料的设计使服用者显得苗条；利用增加服装中的竖条结构线或图案来掩盖较胖的体型；腰带位置的上下移动也能使人的身高看起来发生相应的变化。将视错的认识运用于服装设计中，可以弥补或修补整体缺陷。（图 5-15）

5.4.6 协调

当设计中所有构成要素之间都和谐地搭配，获得统一的视觉效果时就是协调。在服装设计中统一是色彩、材质、造型、工艺手段、装饰手法等方面相近或相同，设计时可以在统一中加入部分变化，从而获得统一的视觉效果，或者将每一个有变化部分进行整合，使其在整体效果上达到和谐、统一。（图 5-16）

图 5-14

图 5-15

图 5-16

5.5 服装的风格形象

风格，在艺术设计中指设计师在设计作品中所表现出的对艺术独特见解以及与之相适应的独特手法。服装的风格是服装外观与精神内涵相结合的总体表现，是服装所传达的内涵和感觉。服装风格能传达出服装的总体特征，给人以视觉上的冲击和精神上的感染，这种强烈的感染力是服装的灵魂所在。

风格的形成是设计师走向成熟的重要标志，也是区别于一般设计作品的重要标志。在服装设计中，最使人感到困扰的就是服装风格的营造和把握问题。风格不同，适应的目标消费群不同，对市场的影响也就不同，服装作为一种商品最终要接受市场的检验。设计师在进行设计时必须对自己的服装产品进行合理定位，既要保持自己既有的独特的设计风格，又要使设计作品适应时代变化，找到与之相适应的消费群体，以此达到为服装产业创造商业利润的目的。服装的风格形象存在于多元化的特征，服装是一门独特的艺术，是穿着于身体，具有生命动感的艺术，最终通过着装效果来表达服装风格形象。例如，有的是壮美、豪放、博大风格，有的是优雅、绮丽、飘逸的风格，有的是时尚、另类、奇特、前卫的风格等等。（图 5-17）

5.5.1 经典风格

来自西方服饰风格的经典形式，作为成人职业、社交的固定服装风格，西式严谨而优雅的套装模式是经典风格的典型代表，具有成熟的设计思路，制作精良，正统高贵，其式样相对固定，不受流行左右，被长时期地模仿和演绎，有着相当稳定的消费群体。代表性品牌如夏奈尔、伊夫·圣·洛朗、乔治·阿玛尼等。（图 5-18）

图 5-17 中国美院学生作品

图 5-18

5.5.2 都市风格

由于现代都市快节奏的生活方式和生存环境的改变，因此服装的主体风格与大都市建筑、现代化景观相呼应，服装造型简洁，线条流畅，具有时尚感，讲究服装的机能性，款式简洁实用又强调舒适性，介于休闲装和正装之间的风格。都市风格的服装面向城市具有一定消费能力的消费群体，在服装市场上这类服装是销售的主流支柱。（图 5-19）

5.5.3 田园风格

田园风格崇尚回归大自然，具有悠闲自由的田园情调，服装去掉繁琐的装饰，服装造型宽松、舒展，设计上强调手工制作感，表达了人与自然的高度协调，色彩以自然界中花草树木等自然本色为主，如本白、绿色、褐色、咖啡色等，面料以天然纤维为主，自然朴素。（图 5-20）

图 5-19

图 5-20　高田贤三作品

5.5.4 民族风格

民族风格是汲取中西民族、民俗服饰元素，以中西民族服装款式、色彩、图案、材料、装饰等作为蓝本，挖掘、吸收民族、民间传统服饰艺术精华，借用新材料、流行色以及新理念等，将其借鉴运用于现代服装设计中。如日本设计师三宅一生的作品将现代新材料和肌理效应与日本民族服饰相结合，将舒适性与时尚个性结合得十分完美，形成独特的服装设计风格，他的服装风格洋溢着民族服饰文化的魅力，将舒适性与时尚个性结合得十分完美。（图 5-21）

图 5-21

图 5-22 范思哲作品

5.5.5 浪漫风格

这种服装特点外轮廓呈曲线，服装华丽优雅、柔软飘逸，色彩妩媚绚丽，面料多采用滑爽飘逸的丝绸、轻薄透明的纱以及柔软的细棉布，局部处理特别细腻，具有较多的装饰设计，如荷叶边、饰带、蕾丝，图案题材多采用花草等，极度女性化。（图 5-22）

5.5.6 中性休闲风格

中性休闲风格包括大众化的休闲成衣和运动风格成衣。普通 T 恤、运动服、套头毛衣、茄克等都属于中性休闲风格服装，男女款式相近皆可穿的成衣，舒适耐穿又容易打理的休闲服装，适合于日常生活中穿着，中国市场常见休闲成衣品牌有班尼路、堡狮龙、真维斯等。运动成衣较专业化，有些运动服采用针织、弹性面料，图案与装饰简洁明了，体现服装的活动性和机能性，色彩搭配更多地借鉴流行色，设计采用线面结合，显得简洁、动感十足，具有现代气质，有美国著名品牌耐克、阿迪达斯以及中国品牌李宁等。

思考与练习

1. 收集现代服装款式资料，了解各时期有代表性的廓型，以其中廓型为蓝本设计一组现代成衣。

2. 运用形式美原理进行相应成衣的设计练习。

3. 对品牌成衣进行市场调研，收集服装款式并配上面料进行设计。

4. 从几种服装风格中选择其中 1～2 种风格，结合流行色以及创意面料（对面料再设计）设计两组服装。

6 服装系列设计

学习目标

学习本章,学生应该能够:

1. 了解系列设计对于现代品牌成衣产品设计的意义;
2. 选择适当的造型、样式、色彩及面料进行一系列设计;
3. 运用服装各要素有主题地进行一系列服装设计;
4. 掌握服装系列设计的表现形式。

在服装设计中,运用同一种造型、同一种色彩、同一种面料以及装饰手段及其服装风格相关联的成组的服装,既有重复的变化又有丰富的内涵的设计方法,其系列元素之间的协调组合是一个综合运用关系,称之为系列服装设计。所谓系列服装设计最少应为三套,一般的系列服装设计为3~10套不等,也有20~30套之间的特大系列产品设计。品牌服装都很重视服装产品的系列化,一般是主题非常明了,通过成衣产品的流行发布会,充分展示品牌的形象特色、设计风格和理念,意在传达出强烈的视觉效果,通过系列服装在人们的视觉感受和心理感应上形成审美震撼力量。只有视觉上的冲击,才能引起人们的关注。设计师是为品牌服务的,他们在不同的主题设计中从造型、面料、色彩、细节等方面进行系列设计,以市场为依托设计一些连贯的系列服装给顾客提供更多的选择。系列服装的设计有着自身的造型特征和设计形式,对三要素的使用要求更加客观和严格。

6.1 运用三大要素所构成的系列设计

在服装的造型上,对于款式、色彩、面料三大要素进行多种形式、多种角度的艺术处理,使其形成多种风格的系列服装设计。

6.1.1 款式要素

服装造型是系列服装设计的基础,重点强调设计中的造型要素,是突出款式设计的方法。

廓型、结构、局部造型以及装饰手段等是系列服装设计中最基本的造型要素，当这些要素与设计的形式法则相结合时，便会产生风格多样的系列服装设计。

在系列服装设计时，首先要把握整体造型风格。廓形呈系列的服装可更换色彩或面料，变化其局部，使整个系列设计既有统一感又有丰富的层次变化。如当服装的外廓形相近时，在其部件上进行设计，如领口的高低，上装与下装的比例，袖子的长短、松紧，口袋的大小位置，款式结构中的长短、松紧、大小、疏密、结构和工艺手法的运用（省道、褶裥和剪辑线、斜裁等）。

其次进行细节系列设计——将服装中的某些细节作为系列元素，如重复的褶皱、袢带、蕾丝、钮扣等，民族风格细节，常用特色元素，如中式的对襟，精致的盘扣，精美的刺绣。（图 6-1）

作者：马德东

图 6-1　作者：王兴伟

6.1.2 色彩要素

色彩系列形式是以一组色彩作为服装中的同一元素，运用色彩的纯度、明度、冷暖、层次、呼应、穿插等表现手法，使系列服装设计的色彩配置既整体统一又富于变化。例如，在限定的几种颜色中，选择其中一种或两种主体颜色，在设计中进行穿插搭配。另外，在一些特定的系列服装的色彩中，可全部采用黑色调或白色调处理，给人一种极强的视觉冲击力。也可通过一组彩度较低的同类色组合体现服装典雅质朴的格调。在设计中，色彩搭配组合的形式直接关系到服装整体风格的塑造。

服装色彩是服装美感的重要组成部分，也是服装情感最直接的表达。相同款式的服装，由于色彩搭配的不同，就会产生出不同的情感意识，如朴素感、华丽感、典雅感、亮丽感等。不同的穿衣者也会有自己独特的好恶感，这与每个人的成长环境、审美意识、个人性格有关。可以说，服装色彩美是没有绝对标准的。

服装设计领域一向是崇尚流行意识的，流行色在服装中的应用是人们对色彩时髦的追求，突出反映着现代生活的审美特征。每年我国流行色机构都会发布春夏和秋冬两次流行色趋势，设计师会根据流行趋势在一定的主题下展开自己的设计。每个设计师的设计思路不同，设计视角不同，所要表达的意境不同，那么他所运用的色彩也是不同的。所以，只注重服装造型和面料，而忽略了服装的色彩，也不能构成好的成衣。（图 6-2）

图 6-2

6.1.3 面料要素

利用面料肌理的对比或组合效应进行系列服装设计，常常是以一种面料为主，搭配其他不同质感的面料，在一些带有图案花纹的面料中，可使其与同质感的素色面料进行搭配，也可选择一些平纹组织的面料与其他特殊肌理的面料（如起皱、拉毛、起绒、水洗、砂洗等）相拼接，形成系列服装的设计，应该是有针对性的定位设计。

服装设计要取得良好的效果，必须充分发挥面料的性能和特色，使面料特点与服装造型风格和色彩完美结合，相得益彰。因此了解不同面料的外观和性能的基本知识，如肌理织纹、图案、塑形性、悬垂性以及保暖性等等，是做好服装设计的基本前提。不同的材料在造型风格上也各具特征：

1）柔软型面料

柔软型面料一般较为轻薄，悬垂感好，造型线条光滑，服装轮廓自然舒展。柔软型面料主要包括织物结构疏散的针织面料和丝绸面料以及软薄的麻纱面料等。丝绸、麻纱等面料则多见松散型和有褶裥效果的造型，表现面料线条的流动感，多运用于礼服设计。柔软的针织面料在服装设计中常采用直线型简练造型来体现人体的优美曲线，常运用于休闲系列设计。

2）挺爽型面料

挺爽型面料线条清晰有体量感，能形成丰满的服装轮廓。常见的有棉布、涤棉布、灯芯绒、亚麻布和各种中厚型的毛料和化纤织物等，该类面料可用于突出服装造型的设计中，例如西服、套装的设计。

3）光泽型面料

光泽型面料表面光滑并能反射出亮光，有熠熠生辉之感。这类面料包括缎纹结构的织物。最常用于夜礼服或舞台表演服中，产生一种华丽耀眼的强烈视觉效果。光泽型面料在礼服的表演中造型自由度很广，可有简洁的设计或较为夸张的造型方式。

4）厚重型面料

厚重型面料厚实挺刮，能产生稳定的造型效果，包括各类厚型呢绒和绗缝织物。其面料具有形体扩张感，不宜过多地采用褶裥和堆积，设计中以 A 型和 H 型造型最为恰当。

5）透明型面料

透明型面料质地轻薄而通透，具有优雅而神秘的艺术效果，包括棉、丝、化纤织物等，例如乔其纱、缎条绢、化纤的蕾丝等。为了表达面料的透明度，常用线条自然丰满、富于变化的 H 型和圆台型设计造型。设计师除了准确把握面料性能，使面料性能在服装中充分发挥作用以外，还应该根据服装流行趋势的变化，独创性地试用新型布料或开拓面料的使用领域，创意性地进行面料组合，使服装更具新意。目前，国内企业基本上不自己设计面料，考虑到成本和技术，在没有条件开发理想面料的情况下，他们通常选择面料供应商。围绕主题风格寻找成品面料去进行产品设计也是一种设计方法。但是面对全球一体化的今天，品牌竞争日趋激烈，品牌的个性化特征已使创意性面料开发成为必然趋势。（图 6-3）

图 6-3

6.1.4 款式、色彩、面料三种要素的综合运用

在系列服装的造型上，我们经常对于其款式、色彩、面料以及细节等因素进行综合运用和处理。例如：服装的款式形似，在色彩的配置上有变化；服装的色调相近，变换面料的质感；服装的面料相同，款式或色彩进行互相转换等。随着观念的转变，以往各个单独的服装装饰设计逐渐被整体设计所取代。现代人的着装更讲究服装与服饰的整体配套美感，因此在设计过程中除了对服装本身的款式、色彩、面料三大要素进行创意之外，还要兼顾服饰品的搭配组合问题。

当服装的造型或色彩在视觉效果上觉得不完美时，往往可通过饰品来加以纠正和完善。在色彩上可表现为服装色彩基调过于沉闷时，采用较为亮丽的饰品加以丰富。在造型设计中，当服装重心产生偏移时，可用饰品加以平衡，达到静中有动的艺术美感。在教学中，我们将服装设计各要素分别阐述、分项训练，但在设计时我们应当从整体（造型、色彩、材料以及细节等因素）考虑。（图 6-4）

图 6-4

6.2 运用装饰手段所构成的系列设计

装饰手段是系列服装设计细部设计的一个不可忽略的设计要素，由于装饰手段与服装的有机结合，进一步丰富了系列服装的造型语言。

6.2.1 装饰工艺要素

这里所讲的装饰工艺主要是指与服装造型有着直接关系的，如刺绣、抽纱、补花、挑花以及拼贴、镶饰、滚边等工艺。通过这些手段达到装饰目的，而这类工艺手段极为细腻、精美，最

适合表现注重装饰与形式之美的时装,凸现出极佳的装饰效果。因此,利用装饰工艺与服装的造型特征、服用功能的统一协调关系,恰到好处地融合状态,其系列服装的影响力也会随之增强。

1）绣花

绣花是传统服饰工艺之一,种类很多,针法变化丰富,常用的有平绣、雕绣、抽绣、珠绣、贴花绣等。无论是日常便服还是高级礼服,运用绣花工艺装饰能增添秀丽高雅的魅力。(图 6–5)

图 6-5

2）镶、嵌、滚、荡、盘

这几种装饰工艺是我国传统的服饰手工技艺,其不同的缝制技巧具有精致优雅的特色和浓郁的东方色彩。我国妇女的旗袍、短袄常在前衣襟配上盘花扣,盘成菊花、凤凰、“寿”字等各种图形,既精致华丽,又极富民族特色,例如如意盘扣在现代时装设计中予以恰当运用,产生别致独特的装饰效果。(图 6–6)

图 6-6

3）扎染、蜡染、手绘

这是流传于民间的装饰工艺，具有粗犷、稚拙、乡土气息浓郁的特点。在现代时装设计中经常采用，其清新独特的风格颇受推崇。

4）其他材料

在服装设计中除使用一般的面料外，还常以其他材料作为辅料进行工艺装饰，如天然裘皮、人造毛皮、皮革、针织物、天鹅绒等等。这类材料与服装面料在质感、肌理上的对比变化，丰富了服饰效果，增强了美感。

6.2.2 服饰配件要素

服饰配件是系列服装设计的又一要素，这一要素常可起到协调和统一系列服装整体效果的作用。一方面，在一组造型各异的系列服装中，可利用相同的配件统构整体，如利用帽子、头巾等；另一方面，在一组造型相对统一的系列服装中，可以利用不同色彩的配件求得变化，如利用披肩、头饰、包等。服饰品种类主要有帽子、手套、围巾、包、发饰、项链、耳饰、手饰、纽扣、领带、鞋、腰带等，除了它们本身具备的重要功能以外，还应与服装风格相协调。饰物在配套中起到了烘托、陪衬、点睛等作用，有时服饰品的设计还成为主要对象，通过强调使平淡无奇的服装顿生光彩。（图 6-7）

图 6-7

6.3 多种艺术风格所构成的系列设计

当代艺术设计有许多新的理念与设计手法值得我们学习和借鉴，各艺术之间有很多表现形式，设计师在设计服装时不可避免地会与其他艺术形式融会贯通，从音乐艺术、舞蹈艺术、电影艺术、绘画文学艺术到建筑艺术，从新古典主义到浪漫主义，从立体主义到超现实主义，从达达主义到波普艺术等艺术流派，这些艺术风格迥异，都会给设计师带来无穷的设计灵感。如在一些流行趋势发布会上，设计师们为显示其个性风格和追求某种文化情调，常常推出一些极具轰动效应的系列服装设计，如圣·洛朗的“中国文化系列”服装设计，帕萁·拉邦纳（Paco Rabanne）的“古堡建筑系列”服装设计，沃沙斯的“彩条系列”服装设计等。这些系列服装的设计常有一定的主题性或浓郁的民族文化气息，给人以无穷的艺术享受，具有极强的艺术感染力。他们的作品中，无论是造型、面料、色彩还是对细部的处理，都具有各自的风格和独特的魅力，令我们开阔视野，丰富我们的设计思路与技巧。

学习和借鉴各种艺术形式是每个设计师不可忽视的课题，汲取民族、民间传统服饰文化的精髓，借鉴、继承、改良、发展并赋予它新的形式和新的风格。教师在设计课教学过程中，应善于启发和引导，通过课题设计解决某个问题，使学生从中得到启发，并引导学生从各自不同角度寻求解决问题的方法与思路，依靠自己的独立感受，勤于思考，多加练习，形成一种良好的思维方式，敢于创新，不断突破自己，逐步提高综合能力，同时融入更多的市场理念。（图6-8~图6-12）

图 6-8　圣·洛朗作品

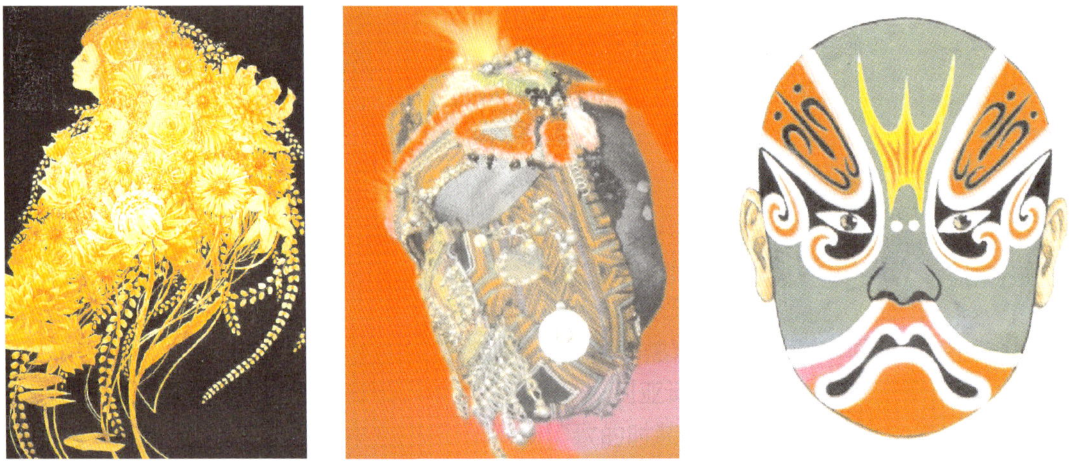

图 6-9　多种艺术形式

图 6-10　学生作品

图 6-11　作者:茅琼

图 6-12

思考与练习

1. 根据几种创意面料设计一个系列女装(要求先设计面料,再设计款式)。

2. 市场调研某品牌服装后设计一个系列的实用女装六套(春秋季节,结合流行趋势,消费群体为 25 ~ 30 岁女性)。

3. 设计一个系列五套的实用男装(秋冬季节,结合流行趋势,消费群体为 30 ~ 35 岁男性),目标品牌确定。

专 题 篇

7 创意类服装

学习目标

1. 理解创意类服装的概念;
2. 理解创意类服装的特点和分类;
3. 了解创意类服装的灵感来源,并能够根据灵感来源的素材进行设计构思;
4. 了解创意类服装设计构思的形成;
5. 熟悉创意类服装的构思过程,做到学以致用。

7.1 创意类服装的特点与分类

创新是服装设计永恒的主题,而创意类服装设计的意义就在于使青年设计师开拓设计创新思维和设计视野,以及对服装的新造型、新风格进行深入地探讨、研究,寻求现代服装设计的新突破。同时,在弘扬各民族服饰文化的基础上,促进国际间民族文化、艺术的交流,从而推动服装业的发展。

7.1.1 创意类服装的概念

所谓创意类服装是指具有一定艺术性、主题性和文化性的创意服装。创意类服装常常出现在一些时装设计大赛中或国际时装周的“T”型台上,如法国的“巴黎国际青年设计师大赛”、中国的“汉帛奖国际青年时装设计师作品大赛”等,为年轻设计师展示艺术才华、创意能力和表现个性提供了绝好的舞台。在诸多服装设计大赛中,涌现出大量优秀的年轻服装设计师,引起了时装界的关注。这类大赛要求设计师设计思维活跃,摆脱约定俗成的一般规律,设计观念超前,不受任何条条框框的束缚而锐意创新,以个性化的构思及与众不同的形式和内容,开拓崭新的穿着形式,并着力于民族文化与现代流行趋势有序地结合,构成一种全新的、颇具时代感的时装造型。(图 7-1)

作为创意类服装,从实用功能上看,虽然不能直接服务于日常的现实生活,但是通过这些设计作品,不仅能充分表达出设计师的设计理念和审美意识,从审美情趣上为人们带来视觉

图 7-1　第 21 届巴黎国际青年设计师大赛作品

盛宴和艺术享受，还能在着装理念上给予人们新的启示，在生活方式上为人们提供了新的选择，引领时尚潮流。

7.1.2　创意类服装的特点

创意类服装设计与一个社会的文化传统、价值取向、审美习惯、发展方向以及设计师个人的审美观念、个人风格都有着密切的联系。创意类服装一般具有艺术性、原创性、超前性、导向性和整体性五个特点。

1）艺术性

创意类服装的艺术性，是指服装作品中所包含的可欣赏的审美因素。创意类服装设计的主要目的之一是用于展示，供人们欣赏，因此必须要有艺术性。只有当服装作品本身在设计主题、设计风格、造型、色彩、材质、配饰、装饰手法等方面构成了形式上的和谐关系，并且这种关系又能够打动观众，得到人们的认可和欣赏，使人们能够从设计作品中获得情感的愉悦和精神的满足，那么，作品才具有艺术性。（图 7-2）

图 7-2　三宅一生作品

2）原创性

原创可以解释为前所未有的创造，而创意类服装设计作为一项带有浓郁艺术性的工作，讲究原创性是服装设计的基本要求，也是体现其价值的根本因素。创意类服装中的创新内容较为宽泛。既包括服装造型中的新形态、新结构、新工艺，穿着形式中的新搭配、新方法，材料利用中的新处理、新组合、色彩搭配中的新效果、新变化等可以直观感受的内容，也包含在服装形式中体现出来的新的设计思想、新的设计主张、新的设计思路、新的着装观念和新的生活方式。

从设计方法上看，原创并不是不能运用已有的造型或者技术，相反，强调和注重服装作品的原创性，没有继承前人成果的创造，几乎是不可能的。因为，创造并不是无本之源，也不是空中楼阁，设计中创造的成果首先是在借鉴和参照他人成果的基础上才得以实现。优秀的服装设计，只有深深刻上设计师个性的印记，融入设计师的感情和心血，才会有永恒的时尚生命；只有寻求传统服饰文化同现代审美意识的沟通，才能创作出凝结着民族文化神韵和精神风采的现代服装。

如图 7–3 所示，在硕大艳丽的玫瑰映衬下，设计师 Christian Dior 不假思索地将中世纪的神秘艳丽直接搬上 T 台。诡异怪诞的东方歌妓彩妆、千层褶皱的裙衬以及富丽夸张的皇冠头饰，大量的豪华饰物，极其紧身曲线的窄裙紧紧地将躯体包裹在豪华的面料中，颇具现代感。西欧贵族使用马鞍随着文明的进程成为一种装饰精美的皮革工艺品，由于设计师成功地将马鞍造型应用到时装中来，紧身胸衣（腰封）塑造女性优美的躯干轮廓，并采用光面皮革的素材更增强了马鞍式的联想，成为时尚的亮点（图 7–4）。

图 7–3

图 7–4

3）超前性

创意类服装的超前性，是指服装作品强调个人超前的审美理念给服装带来的感染力。同样一件服装作品，在不同的时间、不同的环境下让不同的欣赏者去评价，看法往往是有区别的，有时甚至会有截然相反的观点。这与欣赏者的艺术修养、文化修养、审美意识及个人情感等因素不同有关，所以，一件作品是否具有审美性不是绝对的，而是随着一些关系的改变而改变。设计师必须寻求表达自己独特的审美理想的最佳途径，以更高的审美角度，与普通欣赏者的审美经验拉开距离，要具有一定的超前意识和创新观念，运用科学合理的表现形式去构建作品的意境或趣味，通过设计作品唤起和提升普通欣赏者的审美欲望和审美层次，以达到吸引和感染观众的目的。

4）导向性

创意类服装是设计师立足文化背景和时代需求，运用生活和学习中积累起来的审美经验，创造出具有鲜明个性风格和时代特征的艺术化形象。这些作品来源于生活，又高于现实生活，并且常常代表着某一时段内服装文化发展的潮流，预示着更新的服装流行趋势，因此创意类服装具有导向性。尽管创意类服装不能直接用于生活穿着，但能让人们在欣赏的过程中，接受到许多新观念、新思想和新形式。这些信息，既可以起到更新人们的审美观念、提高审美能力、引导消费潮流的作用，同时，这些作品一旦获得社会、观众的普遍接受，就会产生新的流行信息，从而获得可观的社会效益和经济效益，促进市场成衣化的发展。

5）整体性

整体性是创意类服装设计的基本要求，也是重要的形式美法则之一。服装设计美并不是服装整体当中所表现于服装的某一部分，也不是服装诸多设计要素机械地相加，而是通过多样统一关系的组合达到内外和谐。

服装作品的整体性应该包含两个方面：一是作品的构成要素的充实和齐备；二是作品整体形象的协调和完善。作为具有高度艺术性的创意类服装，必须给予全方位的整体性构想，不仅要注重服装的造型、材质、色彩、纹样等关系能形成必要的比例与尺寸、节奏与韵律、对比与调和、均衡与对称等多样性的统一，而且要处理好服装与配件、饰品、发型以及化妆等诸多要素之间的关系，还需依照艺术规律给予观众完整的视觉传达。另外，工艺手段的选择和完成的质量也是至关重要的，服装作品的立体造型和款式细节离不开完善的裁剪结构和缝制工艺，否则，作品就会显得粗糙，经不起推敲，以致影响到作品的整体效果。

7.1.3 创意类服装的分类

根据创意类服装设计目的不同，或博得名声，或提高品牌知名度、赢取利润等，从其作用上可分为创意展示型服装和舞台表演型服装两大类。

1）创意展示型服装

创意展示型服装主要有以下几个方面：

（1）时装设计比赛服装

时装设计比赛服装是为了进行学术研讨、交流，提高服装设计的创作水平，促进服装行业的发展，选拔优秀的服装设计师而进行的服装专业赛事。服装设计专业的学生、服装设计的从业人员及服装设计爱好者，通过参加专业赛事，在实战中磨炼设计能力，获得荣誉，提高自身的知名度，为了将来从事服装设计工作开创极其广阔的发展空间。

因此，初学设计者应该以初生牛犊不怕虎的精神，积极参加各类服装专业赛事。在参加服装设计比赛之前，首先要弄清比赛宗旨，了解比赛的性质和对参赛服装的要求。由于主办者举行服装设计比赛的目的不尽一致，因此会对应征作品提出一定的要求，如作品的风格、种类、数量和日期等等。主办者的目的一般有三个：一是在比赛中发掘服装设计新秀；二是为主办者或赞助商提高社会效应；三是提高行业水平和推广服饰文化。目前，我国将时装设计比赛分为创意设计和实用设计两类，如“汉帛奖”国际青年服装设计师作品大赛属于创意设计大赛，而“真维斯杯”中国休闲装设计大赛、“威鹏杯”中国牛仔装设计大赛等属于实用设计大赛，其设计要点是截然不同的，要求参赛者根据其主题、设计风格等方面进行创作参赛。（图 7–5）

图 7–5 “汉帛奖”第 13 届国际青年服装设计师作品大赛作品

参加时装设计创意类比赛的服装，要求主题明确，构思奇特、新颖，在符合主办宗旨的前提下，竭尽设计的新奇怪异之能事，力求创造出令人耳目一新的创意作品。要做到这一点，首先要精心选择设计题材，用出乎意料的题材表现设计主题是出奇制胜的高招。如果找不到新颖的题材，则在以往题材上追求表现形式的突破，利用设计语言多样组合的可能性，寻找题材与形式的最佳结合点。打破传统的服装造型进行再设计，整体系列感强烈，在讲究新奇的同时，千万不能忽视“巧妙”，避免僵硬呆板的结果。色彩处理要注重时代气息和视觉冲击力，其中，服装配色的视觉效果是获奖的重要因素之一。面料应根据主题和题材的内容及具体的表现形式而选定，在所有服装类别中，创意服装选材范围是最广泛的，经常采用面料再造的手法或用钢丝、泡沫塑料、竹片、海绵、PVC 薄膜、皮革、纸张等非服用材料进行服装设计制作。（图 7–6，图 7–7）

图 7-6

图 7-7

参加时装设计实用类比赛的服装，要求实用中带有新意，搭配合理协调，符合服装的流行趋势，具有较好的市场前景，能够批量化生产的服装。在大赛评比过程中，受"T"型台服装表演气氛的影响，评比标准在服装款式、面料、色彩、配饰等诸多设计要素的前提下，大都倾向于服装整体的审美要求。因此，参赛者在参加实用类服装设计竞赛时，必须考虑能影响比赛效果的种种因素。(图 7-8)

图 7-8 "威鹏杯"第二届中国牛仔装设计大赛作品

(2) 发布会展示服装

服装发布会是服装业发达地区发布时尚资讯的重要环节，是以展示性和传播性为主的时装信息发布，常常代表着某一时期内服装文化潮流和服装造型的整体倾向，起到一种引导服装市场走势和人们的着装方式的重要作用。频繁的服装发布会不仅体现了该地区服装业的整体实力，也是设计师展现才华很好的舞台。发布会展示服装的设计是建立在社会经济、科技水平、艺术思潮、审美观念和消费意识基础之上的，是以国际流行色彩、流行织物和流行款式为前提的，并且遵循服装的预测和流行规律而进行的，具有极强的时尚性和极短的周期性。如目前在法国巴黎、美国纽约、意大利米兰、英国伦敦、日本东京每年两度的国际著名时装设计师举办的高级时装发布会上的作品均属于这一类时装设计。这些极具创意性和审美性的服装作品既显示了品牌的风格和设计师的创造才华，扩大和提升了品牌的影响力和知名度，同时，又带动和促进了商业化服装产品的销售，产生了巨大的经济效益，而这些效益又为更新作品的产生提供了雄厚的经济基础。

举办服装发布会主要有三个目的：

① 宣传品牌形象

为了在公众心目中树立良好的品牌形象和权威地位，必须在新闻传媒中频频曝光，服装发布会是公众喜闻乐见的宣传素材。为了达到过目难忘的宣传目的，设计师必须推出与众不同、富有个性的服装，主办方并不在乎这类服装能否直接赢利，只要能达到给观者留下深刻印象即可，而不过多地强调市场销售因素。服装的设计要求带有鲜明的个性，能够给观众留下深刻的印象，哪怕是可能引起观者指责的前卫怪诞的设计也在所不惜。（图 7-9）

图 7-9 Christian Dior 时装发布会

② 发布流行趋势，引导和促进消费

一些著名的服装设计师或公司、协会、流行预测机构以服装发布会的形式发布其流行预测结果，引导服装的生产和消费。这类服装往往并不能直接上柜销售，而是传递服装流行的信息，属于概念性服装设计。其服装既要有相当的超前性，又要具备实用服装的特征，在设计中反复强调流行因素，使人们像接受反复刺激的广告一样接受流行概念。图 7-10 是 2005/2006 秋冬巴黎高级时装周上著名时装设计师 John Galliano 的作品，灵感来自于中世纪的鳍状滚边以及 20 世纪 50 年代的劳动者，通过爱德华风格的繁复缀饰、抓皱的波纹状装饰和收腰的长礼服，都以透明度成为视觉焦点，引导服装流行趋势。

③ 用于服装订货

许多服装公司用服装发布会的形式，征求服装的订货单。这类服装与流行因素有关，能够成为上柜销售的服装。采用非常务实的设计路线，努力使每个款式都能成为客户竞相订货的热点。在服装发布会展示期间，许多服装公司仍会加入部分创意类服装，其目的在于体现服装公司品牌设计师的创新能力及该品牌旺盛的生命力。

图 7-10

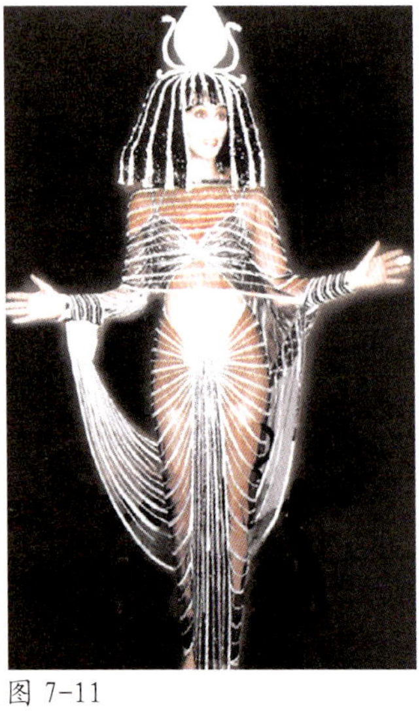
图 7-11

图 7-12

2）舞台表演型服装

舞台表演型服装主要用于表演、戏剧、舞蹈、杂技、演唱会等舞台表演场合，是指为舞台表演服务的服装。舞台表演型服装与发布会展示型服装发布服装有本质的区别，舞台表演型服装的主要作用是娱乐作用，为舞台的场景、表演的类别和剧情服务。在设计表演服装时，一方面要研究舞台演出主体的文化背景，另一方面要考虑舞台服装的功能性以及整台服装之间的连续、呼应、对比、统一等总体安排。同样一台舞台表演服装，由于编排方式不同，演出效果也不一样。还要考虑灯光、舞台等表演条件对演出效果的影响。图 7–11 和图 7–12 分别是将古埃及服装元素和中国京剧服装元素运用于现代舞台服装设计，具有强烈的民族文化和舞台效果。

7.2 创意类服装的灵感来源

服装设计是一项充满创造性的工作，对于服装设计师而言，灵感是一种独特的思维活动，没有灵感的设计往往是机械的、毫无生气的设计原理的罗列。在某种机缘下，灵感是通过服装设计师潜意识的直觉式顿悟，这是一种突然发现的心灵奇迹，它暗示着某种创造性高潮的到来。服装设计师在生活中得到感受而能触发灵感，由灵感转化为设计构思，然后把这种构思予以表现，这就是服装设计的全过程。

7.2.1 服装设计灵感

灵感是指一种人们无法自控的、创造力高度发挥的突发性思维，是创造过程中由于思想高度集中、情绪高涨、思维成熟而突发出来的创造能力。灵感是长时间关注某个事物发生顿悟的现象，有时会在不经意间降临。设计师的灵感是观察，是发现，是生活经验的升华。我们确信灵感的存在，但不等于把灵感绝对化，以至于否定理性活动在服装设计过程中的重要性。相反，灵感恰恰是感性经验长期积累、理性思索持续进行的结果。

灵感往往产生于想象，想象是一种不断创造出新形象的心理过程。在想象创造中，某一事物的触发往往带有偶然性，通过设计者不断的积极探索，会使丰富多彩的服装新形象在无数次感悟中迸发出来。所以，灵感的产生离不开想象，想象要有感性形象作基础，而感性形象的获得则来源于生活的观察和体验。设计师要善于从大自然中、从生活中发现美，经过筛选、观察和体验，常常会豁然开朗，突发奇想的设计意念闪现，服装设计的灵感瞬间而来。当我们抓住这一点不放，迅捷地以草图轮廓、文字记下这最初的构思，再进一步补充、完善，就会设计出别出心裁、独具一格的服装。

7.2.2 创意类服装的灵感来源

优秀的服装设计作品是建立在设计师前期对大量、有效的相关资料进行搜集、积累、研究的基础上而后获得的。而要在平时就留意来自各方面的动向，经常性地收集多种有意义的信息，并且还要进行整理、分析和研究，根据结果归纳构建出完整的理念体系。设计灵感信息库的丰富是理念建立的第一步，信息量越多、越新鲜、越有价值，就越有助于理念的建立。

灵感的来源主要有以下几个方面：

1）大自然的感性形象

自然界各种生物形态多姿，大到山川、森林、海洋、宇宙、天体、云层，小到贝壳、礁石、花草、鱼虫、飞禽、斑驳的光影、朦胧的晨雾、绚烂的红霞等等，这些能够引起人们深刻的感观享受的一切都可以成为设计灵感的来源，都可以用服装造型艺术特有的手法来表现缤纷多彩的韵味，以特有的魅力感染观众。因此，富有创造性的想象内容，总是直接或间接地来源于客观现实，来源于自然界的感性形象，如对自然界中客观存在的生物造型、色彩或者肌理、结构的独特之处进行吸纳，引出富有创意的灵感思路，通过取舍、改变和重组之后，达到所寻求的某种理想的创作境界，它们无处不酝酿和启发着设计师的想象和灵感。

大自然中鲜花的优美姿态、娇艳的色彩变化和郁郁芬芳给服装款式造型、图案、色彩搭配及面料质地选择的启示不胜枚举。如图 7-13 所示，设计师 John Galliano 用大自然中雏菊造型来诠释他完美的创意，花的造型十分逼真、饱满，硕大的花朵像被阳光照耀一样盛开在头顶；也有小小的，轻薄如羽毛，精致地点缀在眼睛周围，装饰浓密的睫毛。尽显华贵、奢华。如图 7-14、图 7-15 所示，设计师将大自然中缤纷的色彩，优雅的造型、图案，通过不同面料的表现，将时装演绎得淋漓尽致。

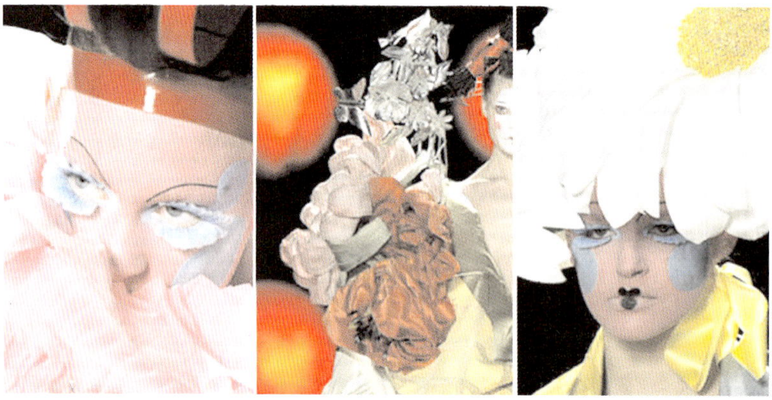

图 7-13

图 7-14

图 7-15

服装中领、袖部件设计的灵感，往往来源于自然界感性形象中的生动造型。设计师通过特殊的服饰语言以达到形、色、神、质的完美体现，如领形有桃形、马鞍形、燕子形、丝瓜形、香蕉形等，袖形有灯笼形、喇叭形、花瓣形、钟形、羊腿形等，都是通过创造性地模拟自然界及人们日常生活中相伴的动植物形态而获得的。如图 7-16 所示，设计师将羽翼图案运用于服装，表现时装另一番风味。

图 7-16

如图 7-17、图 7-18 所示，服装设计师们受天然羽毛的启发，从中获得灵感，将天然羽毛与自然面料融入到结构严谨的设计中，线条或粗犷或柔美，活泼乐观。

在吸收大自然的感性形象为题材的创作时，不是简单地进行感性形象外观形式的“照搬”，而是要善于选择、取舍和提炼。由于设计作品的“形”太过相近或者根本不合适，从而使服装的造型变得生硬、不自然，甚至是可笑的，这样的设计注定要失败。由此可见，在艺术创作过程中，联想与想象是记忆的提炼、升华、扩展和创造，而不是简单的再现。所以设计师要多从是否适合的角度去考虑其“形”的可用性。在设计时必须要经过设计师的艺术再处理，进行必要的提炼和取舍，才有可能达到理想的效果。事实上，高明的设计师并不突出“形”的“嫁接”，而是看中“意”的到位。这与国画在艺术中强调的“似与不似”之间的道理是异曲同工的，这对设计师的艺术修养和艺术表现能力提出了更高的要求。

图 7-17

图 7-18

2）古今中外的姊妹艺术

新的设计构想常常来自客观事物的启发，而这种设计构想得之于大自然的同时，也得之于古今中外姊妹艺术的启迪，绘画、雕塑、摄影、音乐、舞蹈、戏剧、电影、诗歌、文学等姊妹艺术是设计灵感的最主要来源之一。这些人类文明的丰富宝藏常常能启发设计师对时装美的探索，从而产生全新的设计思想。设计的一半是艺术，艺术之间有许多触类旁通之处。古今中外的姊妹艺术在很多方面是相通的，不仅在题材上可以相互借鉴，在表现手法上也可以融会贯通。绘画中的线条与色块、雕塑中的主体与空间、摄影中的光影与色调、音乐中的旋律与和声、舞蹈中的节奏与动感、戏剧中的夸张与简约、诗歌中的呼应与意境等等，以及诸多艺术形式的艺术创作的思想、形式、风格和技巧，都能被服装设计所利用。

从姊妹艺术中寻找设计灵感的主要表现是将姊妹艺术中的某个作品改变成符合服装特点的形态。例如，法国著名服装设计师伊夫·圣·洛朗的作品是当代经典艺术品牌的象征，由于他始终在艺术殿堂里无尽地追求，从而找到了绘画与服装相通的捷径。他将经典的美术作品注入新的灵感，并赋之以新的形式，使时装成为一种新的精神与艺术交流的媒介。图 7-19 是设计师伊夫·圣·洛朗从著名冷抽象画家蒙德里安的作品中汲取灵感的蒙德里安针织衫作品，鲜明强烈的色块组成横竖规矩的几何造型，从中透出一股内在的热情，具有很大的诱惑力。

如图 7-20 所示，设计师从中国画中汲取灵感，通过面料的重叠营造出中国水墨画的意境。如图 7-21 所示，设计师成功地将西方的现代绘画与印刷的中国宋体字结合在一起，构成了“东方与西方”的主题。如图 7-22 所示，设计师从欧普艺术中汲取灵感，将欧普艺术图案成功地运用到服装上，具有很强的视觉冲击力。

图 7-19

图 7-20

图 7-21

服装与建筑的关系源远流长。黑格尔曾经把服装称为“走动的建筑”，一语道破了服装与建筑之间的微妙关系。著名的时装设计师皮尔·卡丹通过对中国古建筑中飞檐造型的变化处理，创造出著名的翘肩服装。12 世纪开始兴起的哥特式建筑，则一味追求灵魂直接升入天堂的宗教思想，形式上以筋骨嶙峋的框架结构、高尖塔、尖形拱造成强烈向上的动势和升腾感；以雕塑、绘画和彩色玻璃窗的光彩效应交织出撼人的神圣感。这种变化多端的建筑艺术，也影响刺激着哥特式服装的诞生，如图 7-23 所示。

图 7-22

图 7-23

图 7-24

图 7-25

图 7-26

图 7-27

图 7-28

3）综合材质

材料是服装的三大要素之一，服装的造型外观和形态特征，同材料的品种、质地的性能有密切的关系。现代服装设计，材料本身就是灵感的源泉，随着科技的高度发达，新材料不断出现，也必将促进服装设计师思维的不断更新。服装设计师对于材料的认识，要具备技术与艺术的双重意识。从技术角度来说，对于服饰材料各种性能做系统的理性分析，如各种材料的质地，可塑性、悬垂性、功能性以及图案肌理等是综合信息，只有与款式交融统一，才能发挥其材质的优势；从艺术角度来说，对于材料的色彩、肌理状态、视感的比较、比例配量及应用的变化形式等等要有所了解，并从中感受、提炼和创造材料的新奇特的美感。设计者要抓住这种感觉，进行提炼，升华为带有材料物质美感的构思主题。

随着现代科技的发展，对纺织面料有很大的影响，大量的具有特别质感的新材料的问世，给设计师们提供了一个广阔的设计空间，许多时装上的创新也都是以新材料为基础脱颖而出的。设计师们在设计创作中不断追求独特的视觉效果，他们千方百计地对创作材料的实验探索，采用常人所不用、常人所不能的材料大胆创新，将全新的材质运用到服装设计之中。如陶瓷、塑料、皮革、贝壳、金属、木材、有机玻璃、铝、乙烯、合成树脂等材料，替代了人们认为无法替代的服装面料，被大量运用于服装上。

如图 7-24 所示，在伦敦 2005/2006 秋冬高级成衣周上，设计师将木雕运用到时装作品中，表现出设计师绝佳的创意。如图 7-25 所示，设计师用金属安全别针制作而成的连帽披风，在此安全别针的机能性完全丧失，只剩下形式用于装饰。如图 7-26、图 7-27 所示，设计师分别用塑胶和塑料片铆合连接制成的性感迷你裙带。如图 7-28 所示，设计师使用天然的稻草，根据不同的编织手法产生肌理变化的时装。

4）传统服饰文化艺术

服饰是人类物质文明和精神文明的重要标志，它的形成、演变过程是人类社会文明的不断积累、发展和进步的反映。不同的历史渊源、地理环境、社会发展程度、经济文化类型、风俗习惯、审美情绪，构成各个民族及民族内部各支系服饰的不同风格和特点。表现在服装上则显示出款式的丰富、色彩的绚丽、图案的精美、技艺的精湛、配饰的多姿，形成了博大精深的服饰文化。而服装的发展离不开传统服饰文化的启发和借鉴，启发和借鉴是设计师获得成功的必要条件。但任何服装设计师都不可能靠模仿前人或别人优秀作品而取得巨大成就，必须在不断突破中继承传统，更新传统，突出超前意识，敢于独树一帜。各国传统服饰文化艺术都是极其丰富的珍贵遗产，这一切都值得广大的服装设计者去借鉴、继承和创新。

（1）民族服饰文化

各民族都有其自身的民族性，不论是生活习俗、宗教信仰、审美意识、文化艺术等均有本民族极强的特色与个性。这些具有代表性的民族特征，也为服装设计师带来设计灵感。虽然一个民族不会轻易丢失自己的文化传统，但却很容易对另一个民族的文化产生兴趣，好奇心促使人们相互了解和沟通，文化渗透现象在现代社会里时有发生。设计师是敏感的人群，在对异域文化探索方面走在前列。许多世界级服装设计大师都热衷于在自己的时装发布会上推出带有其他民族文化色彩的设计，如英国设计师约翰·加利亚诺（John Galliano）分别在 1997 年秋和 1999 年春的迪奥高级成衣秀上，展示了两场精致的时装秀，将中国民族服饰造型作为他的设计元素，作品极具时代感，两场时装发布会成为传媒竞相报道的热点。

如图 7-29 所示，设计师将印度服装元素运用于现代服装设计中，从服装中表现出较强的民族性。如图 7-30 所示，设计师使用东方传统织缎面料，颈部是个夸张的喇叭口领子，发型参照日本传统发型稍作改造，怪异的别针、蓝色的眼珠传达时装作品的神秘和灵异之感。

图 7-29

图 7-30

感悟弘扬、发扬优秀的民族服饰文化精粹，以现代时尚观念的立场来融合民族与时尚的内涵时，一味地注重研究传统与民族服饰而忽略现代时尚，必将导致脱离现实设计的偏颇，这不是现代服装设计的内涵。一件新款作品，既符合当今流行趋势，具有浓郁的时代气息，这是现代服装造型应有的共性，又要具有鲜明的东方民族特色，这是现代服装设计中应有的个性。并在共性与个性之间予以巧妙结合，使之微妙地融为一体，不留痕迹。所以说，民族化的个性只有融合在时代感的共性之中，才能发挥应有的光彩。一件真正获得成功设计的作品，应该是，而且一定是时代感共性和民族化个性的完美结合。

如果既能立足于民族精神的根基，又能突破民族性的局限、汲取世界艺术的精华，那么就能走出一条中外文化集萃的服装设计之路。用现代的服饰材料加工手段来改造中国民族服饰的形，用优秀民族服饰文化的意来突出现代服饰的形所表达的文化特征，从而使作品兼具民族性与时尚性的美感。将民族的个性与时尚的共性两者巧妙结合，集民族与时尚于一体，融入到现代服装设计之中，使现代服饰更为精彩、更具魅力。

（2）传统服饰造型

各国传统服饰造型艺术都具有各自的特征，它来源于生活，又高于生活。既凝聚着本民族人民喜闻乐见的艺术形式，也蕴藏着丰富的创作经验和技巧。只有熟悉并掌握传统服饰造型的创作经验和技巧，才能创造出既有时代感，又有民族神韵的服装。在借鉴和汲取传统服饰造型的过程中，不能全盘照搬，而是要借鉴和汲取传统服饰造型中的部分典型特征，并结合时代流行趋势，与时代相融合，这样才能创作出独具品位的服装式样。特别是有些少数民族服饰在造型款式设计、面料使用、色彩搭配等方面达到很高的艺术境界。如中国旗袍的轮廓造型。衣裳连属、适体收腰，廓形所表现出的柔美曲线，最能体现旗袍精神。领、襟、开衩等细部也是很有特色的旗袍元素，进而成为设计师的灵感来源。设计师将现代旗袍造型以宽胸、曲腰、紧臀、收腰省、开高衩、窄下摆为造型的表现形式，在保持民族特征的前提下，向现代立体型服装结构的共性过渡，富于时代气息。再如藏族服饰造型，服装一个袖子在里、一个袖子在外，每一个腰间都设计一个类似围裙的“帮垫”，等等，我们可以领悟那种适应自然气候环境的穿着方法，不对称式的造型结构设计风格都可以为现代设计所用，把传统的民族服饰和现代设计思想、设计法则糅进现代服装当中，而不是模仿民族服饰外观的东西或装饰上的单纯复古，更不是直接的照搬原型。如图 7-31 所示，设计师将藏族服饰造型的精神与东方色彩有机地结合，具有很强的民族精神。如图 7-32 所示，设计师汲取中国旗袍的服饰造型要素为灵感，时装作品具有强烈的东方魅力和时代感。

图 7-31

图 7-32

（3）传统服饰色彩

色彩一直是各国传统服饰元素在设计中很有特色的一个细节。分析研究传统服饰的配色规律，积累前人配色经验，理解、感悟传统服饰色彩文化的深厚、博大、凝重，并使之巧妙地运用到现代服装设计中来，这是研究传统服饰色彩的意义所在。中华民族是一个充满色彩的民族，各个民族对于色彩的搭配运用都是个中高手。例如色彩上有规律的递增排列比是藏族服饰中一个突出的艺术特点，藏族服饰中最常用的色彩有蓝、绿、青、紫、橙、黄、朱等色排列的色块，依次递增构成五色彩带。由于把同类色、对比色组织在一条彩带上，一种跳跃活跃的感觉便呈现在人们眼前。另外一些藏族妇女的服装肩部、袖口、下摆，常用近 10 厘米宽的黑、红、绿、紫等色条依次排列，构成的色彩既稳重又豪放，使人感到醒目并且为之兴奋。色彩的对比强烈而又统一和谐是藏族服饰的又一大特点。藏族服饰中大胆应用诸如红绿、黑白、赤蓝、黄紫等鲜艳的对比色。藏族服饰虽然采取了诸多色彩，但是在视觉上并不给人以杂乱的感觉，而是巧妙地运用复色、中间色使之达到统一，产生既鲜明又协调的带有强烈的民族特性的艺术效果。

因此，在现代服装设计中都可以从传统服饰色彩元素中提取应用，结合现代人的生活习惯、社会环境、审美标准，把民族的色彩鲜艳、对比强烈、从头到脚满底花的色彩搭配形式，小面积地或局部地运用到现代服装上。将传统服饰的散视点集中到一个视点上，保持一个重点，一个主色调，使服装造型、色彩主次分明，为现代服装设计所用。（图 7-33）

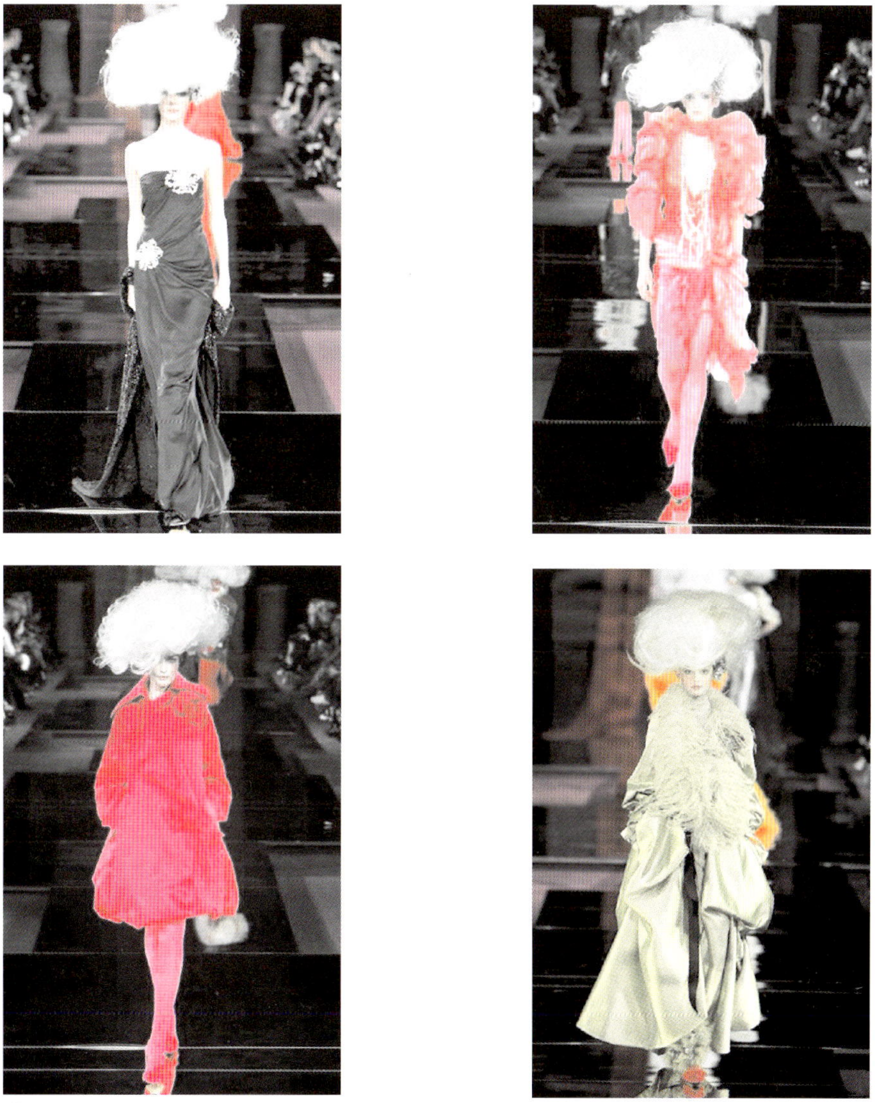

图 7-33

（4）传统服饰图案

传统的服饰图案，变化多端，式样万千，体现了世界各民族人民的审美情趣和审美理想。而民族风格中的装饰纹样一直成为现代服装设计师们创作的源泉。我国是一个多民族的国家，民族服饰和民间艺术中的纹样具有强烈的特色，以不同方式反映着浓郁的风土人情和精神面貌，如此丰厚的服饰资源是从事设计者不可多得的财富。

传统的民族服饰最大的特点就是图案非常讲究，常常不惜工本，将大量的精力花在这上面，如清式旗袍的图案装饰曾达到登峰造极、无以复加的程度。图案是旗袍灵感中最直观、最易辨认的元素，因此运用起来相对简单些。清式旗袍繁缛的装饰图案与那时缓慢的生活节奏有关，穿衣服的人和看衣服的人都有足够的时间去领略这些细节的妙处。而现代快节奏的社会中大多数人认为服装的图案越细密，视觉冲击力越差，这不是现代人欣赏的装饰方法。所以，在借鉴民族服饰的装饰图案时，应该提取少量元素放大使用，或者将原有图案加以简化。譬如旗袍图案常用的一朵精美的“云头”可以扩大在整个前胸或后背，繁多的镶滚中可以挑选一道作为领、袖、襟、摆等处的主题纹样重复使用。可见，这些民族图案具有较强的生命力，经过设计师提炼后，运用多种表现技法，赋予时代的意识与色彩，运用到现代服装设计中。如图7-34所示，著名服装设计师Tom Ford运用中国传统的龙纹纹样，用提花、织锦、刺绣等表现手法，展现出极度奢艳、亮丽的中国民族风情。

图 7-34

（5）传统服饰技艺

传统服饰技艺，历史悠久，工艺精湛，不仅具有很强的实用性，而且具有很高的艺术价值。常见的形式有挑花、刺绣、蜡染、扎染、手绘、编织、织花、抽纱等工艺，这些技艺广泛运用于服装。如何运用传统技艺进行现代服装设计，已成为各国服装设计师探索、创新、发展的形式。在现代服装设计中，不是简单地重复传统服饰技艺，而是利用各种现代的材料元素及审美意念，举一反三，拓宽我们的设计思路，使不同的现代工艺和技艺运用到服装当中。

除此之外，挖掘民族面料技艺成为现代服装设计的另一个层面。我国著名的服装设计师梁子在进行服装设计中不断探索能真切体现民族时尚文化的产品，发现了“莨绸”，这是一种具有悠久历史的真丝，俗称“烤纱”，是将具有消炎止痒功效的“薯良草”汁涂抹在丝绸上，用淤泥涂封。布胚经过太阳长时间的照射，形成了咖啡色的肌理纹理，图案自然质朴，制作成的休闲莨绸女装具有很强的艺术性，已成为“天意”品牌个性化的精品。（图7-35）

（6）传统服饰配件

传统服饰中饰物的多彩、丰富，形成了各国传统民族服饰文化一个重要特色。随着现代服装设计进程的加快，服饰配件成为服装设计不可分割的一部分，影响着成衣的着装效果，同时反映出服装设计的内涵，故在现代服装设计中，出现了诸多装饰手法，以丰富服装造型。我国的各民族饰物，从头到脚，琳琅满目，有头饰、项饰、腰饰、臂饰、背饰、尾饰，五花八门，多姿多彩。饰物的质料也极为丰富，有金、银、铜、铁、铝，有玉、石、骨、贝，也有珊瑚、珍珠、羽毛、兽角、花朵、竹圈、木片，甚至昆虫外壳等，重重叠叠，不厌其烦，量多而质杂，有时竟喧宾夺主，胜过

图 7-35

图 7-36

了服装的华美，故有“繁的丰韵，饰的多彩”的说法。现代服装设计师可以从我国丰富的民族服饰配件中获得创作灵感，如不同材质的重组与再造，同样可以提炼应用到现代服饰设计中去。再如服饰的搭配、装饰手法都可以从中得到启发。

传统服饰文化艺术为现代服装设计师提供了极其广阔的创作空间，在服装设计中占有特殊地位，对现代服装设计有着重要的影响。如何利用传统服饰文化艺术的既定风格来激发设计灵感，才是最能体现传统服饰文化艺术的价值之处。在造型上过于接近历史服装会有复制之嫌，而历史文化积淀下来的服装风格配合现代服装设计手法，能够在继承中创新。服装设计中的怀古情调，便是在历史服装中寻找灵感的实例。如图 7-36 所示，在 Chanel 2003 春夏高级成衣展上，设计师将注意力集中在细节的点缀。奢华的、贵气十足、富于一定民族特色的宝石、珍珠串成挂件制成新颖别致的项链坠儿，表现出 Chanel 一贯的贵族风格和气质。

5）社会动态

社会环境的重大变革，往往直接影响到服装领域。“服装是社会的一面镜子”，敏感的服装设计师会捕捉社会环境的变革，推出极具时代感的时装。人们生活在现实社会环境中，不可避免地受到社会动态的震荡，作为一名设计者不能免俗，“两耳不闻窗外事”的设计者早已过时，最终会被时代所淘汰，不充分利用形形色色的社会动态为拓展自己的灵感范围服务，将是设计者自我封闭的行为，是时尚行业不可理解的憾事。

在人类社会历史发展中，朝代的更替、不同时期政治斗争带来的社会动荡、法制对服饰的明确改易、宗教对服装的潜在影响、战争造成的间接作用以及文化思潮、社会体育时尚以及社会的纪念日、庆典、节日等大型社会活动的影响等等，或多或少地传递着一种时尚信息，在服装中体现出来。由于社会大环境下发生的事情经过传播，会成为公众关注的热点话题，影响广泛，因而，巧妙地利用这一因素设计服装，容易使人产生共鸣，具有似曾相识的感觉。20世纪初，以欧洲为中心的新艺术运动思想强调曲线在造型艺术中的审美地位，将富于弹性的曲线美感赋予任何造型物之中。基于这种思潮，服装产生了突出女性胸臀的侧S形造型，以示对新艺术的回应。中国辛亥革命后，革命者面临着服装改制的问题，孙中山是中华民国大总统，他借鉴了西服裁法和结构，结合中国国情，改制成既带有军装风格又不失学者文雅的服装。中山装的造型结构，反映了一个时代的转折，代表着中国服饰由封建转向现代，也标志着中国服饰吸收西方服饰的一种趋势。中山装适合当时的国情，在社会心理上，它满足了人民革命的希望，是与清朝封建制度彻底决裂的象征。在审美心理上，它的有序、庄重、实用都体现出中华民族的共同审美观。

社会动向是一种涉及面广泛的现象，早期的妇女解放运动从西方到东方此起彼伏，轰轰烈烈。进入新时代，有更多的妇女走出家门，参与政治、文化教育、生产劳动等等社会活动，进而成为一种持久的社会时尚。设计师们敏捷地抓住这一社会动向，在女性服饰设计上大胆创新，一改长裙的装束，推出了裤装、短裙、短裤等适合新女性需求的服饰。由于男女的社会地位越来越趋向平等，男女之间的服饰也有更多相似之处。在这种社会大潮流的驱使下，设计师们又一次把握时机，推出了自然亲切的“中性”服饰，以休闲服装为代表的“中性”装束备受众多男女的青睐，共性的服饰新品服装、香水、发型、箱包等等已渐趋流行。

体育运动的兴起，驱使众多的人们加入到体育时尚的火爆行列。运动休闲装的出现正是设计师把握社会体育运动潮流推出的新品服饰。

社会热门的焦点问题，也为设计师带来设计灵感。生态环保已成为全人类共同关注的问题，在各个领域引起强烈反响。近年来以生态环保为素材进行创作的服装在T型台上熠熠生辉，表达了设计师对自然生态环境问题的关注和对社会的责任感。以生态环保为主题设计的创意服装和用环保新型材料制作的实用装都将是关注的热点。

6）高新科技

随着社会的进步，新科技的发展，推动了社会观念和经济的提高，改变了人们的生活方式，它直接影响到人们的衣食住行，拓宽了人们的视野，也为新一代设计师带来全新的设计理念。

高新技术、电脑自动化、信息网络化、航天探索等等是世纪末的新景象，这一切都需要设计师具备敏锐的目光和超前的意识，设计师是时尚的前锋，他的职业是给公众传递最新潮的社会时尚。高新科技激发设计灵感主要表现在两个方面：其一，利用服装的形式表现科技成果，即以科技成果为题材，反映当代社会的进步。20世纪60年代，人类争夺太空的竞赛刚开始，皮尔·卡丹便不失时机地推出“太空风格”的服装。在服装设计比赛中，也可以看到类似机器人一样反映科技题材的服装。其二，利用科技成果设计相应的服装，尤其是利用新颖的高科技服装面料和加工技术打开新的设计思路。日本设计师三宅一生运用金属亮褶面料进行服装设计，以此来表现当今科幻与高科技发展，在世界时装界被推崇为典范。如图 7-37 所示。

图 7-37

设计的灵感必须来自良好的素材，设计师在选择素材时，不要片面地观其貌，而要探究素材的真实内涵。例如，表现高科技时代的创意服装，不必在服装款式上采用电脑或航天器的具体形态，完全可以用抽象的设计形式来表达，面料的质感、配饰的变化等等，通过隐喻的方法达到意境更深刻的效果。

7）日常生活形态

日常生活的内容包罗万象，只有热爱生活、懂得生活的人，才能真正品味人生。在日常生活中，能够触动设计灵感神经的东西无处不在，关键在于设计者能否及时发现和善于发现。及时发现有等待、被动的意味，善于发现有寻找、主动的意味，设计者应该是心理状态良好和感觉神经敏锐的人，这样才能及时捕捉到生活中任何一个灵感的闪光点，否则只能让这些闪光点悄悄溜走。在衣食住行、社交礼仪、工作过程、休闲娱乐、郊外旅游中，一个小玩意儿、一个小动作、一句话语、一幅场景、一种姿态、一种摆设都可能有值得利用的地方。欣赏一道甜品、折叠一块餐巾或是摆放一束鲜花，都是一次发现美的体验。

社会生活是时尚和服装样式产生的根基，不因某人或某机构的个体喜好产生。设计者除了从专业领域了解时尚信息外，还要学会深入广泛地探索与服装相关的其他领域，包括最新的设计观念、前人的创意、流行文化、人文意识、异域风尚、政治经济环境、世人关心的话题等，从身边搜索，捕获即将兴起的时尚痕迹。这些工作有助于领先于设计前端，不被纷杂的信息牵着鼻子走。对周围世界所发生事物的敏感反应能力、准确的分析预测能力和恰当的利用信息能力是服装设计从业者必备的基本素质。

7.3 创意类服装的构思过程

在服装设计的过程中，正确合理的构思和方法的选择运用，对引导创作新颖别致的设计作品是至关重要的，也是形成整个设计创作所不能缺少的。

7.3.1 服装设计的构思

服装设计构思是在想象的基础上，全面分析，综合思考、选择，策划一种理想的方案，然后加以提炼、推理，最终塑造出新艺术形象的过程。构思作为创造性活动的最初阶段，对服装设计起着决定性的影响作用。

1）试探性构思

在服装设计的构思中，试探性构思是超前意识的体现。试探性构思意在打破传统的固定结构，摒弃以往各种现有款式或部件的简单组合和搬用的方法，以全新的结构来造型。这种方法是将现有的款型重新打散组合，破坏原有的结构，在此基础上进行个性化的第二次设计。或在人台或人体上，通过采用缠绕、披挂、包裹、裁开等手法，在三维空间中直接做第二次设计构思，意在追求构思上的个性化、风格化、品位化、舒适化，是服装构思创造的新高度。试探性构思在材料方面更是大胆创新，以最直接、最清晰的技法手段，最典型、最完美地体现材料本身的特性。

图 7-38 为英国设计师约翰·加利亚诺(John Galliano)的作品，剪裁独特，个性突出。设计的作品，意在破坏服装的旧有模式，展示了现代时装全新的姿态

2）趋向性构思

趋向性构思是指具有明确目的和意图的趋向性设计。一般是针对大众化的成衣服装市场需求而言的。在市场经济浪潮的冲击下，成衣服装设计面临严峻的考验，怎样在市场经济中站稳脚跟，处于领先地位，在于服装设计师能否把握市场和消费对象，同时，要求设计师要进一

步了解消费者的真正心理需求，把握服装流行趋势。随着服装流行周期越来越短，设计师在市场信息收集、处理、综合、定位过程中，应有敏捷的判断能力，使其设计作品能在短时间内占领市场，起到领导成衣市场、促进市场繁荣发展的作用。

对于创意类服装设计范畴而言，趋向性构思则表现在设计师充分发挥主观能动性，在主题背景下对设计作品准确定位，充分理解创意类服装设计的内涵，研究大众的审美趋向，探索材质新表现、最新的流行元素和色彩表现，从而引导人们的审美及消费理念。

3）保守性构思

保守性构思是指在遵循传统经典服装式样的基础上，把握时代精神，并结合新工艺、新材料的运用，力求在服装设计创新中，保持连续持久的和谐，从而达到认同的目的。作为服装设计师，不必刻意地追求款式的新颖与时尚，款式、色彩、面料以达到既不落伍而又有新意的效果最好。设计思想应注重服装质料与气氛的协调，图案高雅，色彩柔和，装饰搭配协调，形成独具个性的服装风格。或端庄华贵，或朴素淡雅，或简洁大方，体现出成熟的风韵与自信之美，穿出品位，穿出风格，穿出个性。

现代社会是衣着最丰富和自由的时代，人的观念和心理更为多样化和难以确定。设计者要认真研究消费者心理，逐步地在自己的产品设计及销售中，建立或培养起一种与之相吻合的风格，来迎合各种类型的消费群体的需要，这是设计师能在占主导地位的服装市场中保持稳定与发展的关键。

4）传统性构思

传统性构思是指将服装设计立意于传统艺术、民间艺术所进行的创造性思维活动。服饰文化是人类文化的一个重要组成部分，人类社会文化财富的总和则部分来自过去的传统，部分来自当今的创新。现代服装设计虽然取材广泛，但大多数创意思想起源于世界各民族传统服饰艺术形式及民间艺术形式，取其精华与闪光点，强调现代审美意识和功用性，使服装体现出一种新的传统与时代相融合的民族风貌，让传统的民族文化得以继承与创新。

在创造性思维的过程中，设计者常常通过自己独特的服饰语言去感受和体现传统的文化因素，因为传统文化中最普遍、最不引人注意的东西往往蕴含着最具创造性与适应性的力量，从而给人更多的艺术感染力。传统服饰文化具有极其丰富的内涵，服装设计师要敏锐地感悟到最具普遍意义的传统意蕴与现代意识相遇的可能，并将这种可能变成现实。

7.3.2 设计构思的形成

设计构思的形成就是对构成设计的各种因素进行综合比较和挑选，找出对设计构思有利的因素，确定设计的切入点，从而制定出初步设计方案。服装设计是满足效果的工作，效果体现了对设计因素的综合判断和运用。如果一个产品没有生命力，也就没有设计的根基。设计构思的目的也正是为了创造新的设计思维点，而创造的目的是满足人们的需要。创造的过程是对现有造型做出新的视觉认识的过程。设计创新不是简单的模仿，而是在总结前人成功经验的基础上升华。

服装设计更多的是对流行时尚的全面关注，流行时尚的产生又有它深厚的文化背景，如今的报纸杂志、电视通讯、网络技术使我们在第一时间内就能得到最新的流行信息。对流行信息进行分析和组织，找出构成该时期流行的因素，并做出相应的设计反映，就能产生新的事物和方法。面对同样的流行信息、面料、色彩，不同的设计定位有不同的选择条件和组织方式，所展现的整体效果也有好坏，这体现了设计者对全局的把握能力和对信息的综合组织能力。信息的导入与组织，可大致归纳为直接信息、间接信息、相关信息和综合信息等几个方面。

1）直接信息

直接信息就是来自于现代传播手段和宣传媒介所展示的服装图片、服装表演、面料小样、流行色彩等视觉印象的直观感受。它包括一切直接与服装发生联系的事物、信息、资料等，这类信息为最初的设计提供了款型依据、色彩组合、面料系列，也为设计主题的确定奠定了基本框架，是设计师获取时装信息的趋势来源和主渠道。在此基础上，设计者对这类信息的成功部分加以分析和借鉴，将其转化为服装设计的专业语言，重新获取代表当代审美趋势的最佳新款、最新创意时装。

（1）知名品牌、设计师的时装发布会

巴黎、伦敦、纽约、米兰、东京等国际时装之都每年两季的时装发布会，一般采用现场模特动态展示，从这些时装展示中可以获得知名设计师的原创构思，以及新品种的服饰材料的运用情况。

（2）世界各地的服装博览会

在全球各地举办的服装博览会现场，可以看到最新的设计师作品、知名品牌的最新款式，以及服装面料的新品展示、服装色彩的流行提案等。

（3）权威机构的流行研究发布

国内外一些具有世界权威性的信息公司和纺织公司专门有进行色彩、纱线及面料的流行趋势研究工作，并在流行预测杂志和各种博览会上发布，这样的信息不直接与服装有关，但在色彩与材料的选用上能够起到一定程度的指引作用，设计师可以用来借鉴参考。

（4）国内外流行情报导向

有关时尚的杂志、期刊、报纸、电视、影像光碟等传播媒体时刻紧跟潮流，为捕捉其万变的踪影，通过这样的渠道，可以轻易获得最时尚的生活和服装的样式。

（5）当前的商场和街头时尚的动向

设计师不仅要有艺术涵养、创新能力等多方面的素质，还要时时深入市场，对消费者感兴趣的色彩、纹样、面料、款式、风格、价位以及街头流行元素等进行全面的市场调研，再把这些信息仔细整理、分类、组合后，形成清晰的目标消费群的特征，根据市场调查报告实况进行服装设计新品开发。

当然，设计师在进行服装设计时不能仅仅把艺术构思局限于直接信息，而是要从多方面进行构思，采用不同的设计语言，不断地丰富设计内涵，才能设计出具有生命力的作品。

2）相关信息

相关信息来自于对民族服饰和民间服饰内涵的体验，以及对相关艺术如绘画、音乐、建筑、雕塑等方面的感悟所产生的设计灵感，由此产生的信息在许多成功的服装设计师的作品中有成功的演绎。图 7-39 为中国服装设计师罗峥的设计作品，灵感来源于中国清代的典型瓷器，采用丝绸面料，不对称的裙摆，恰到好处的中国刺绣，以及纯天然的水晶装饰，犹如水彩画

图 7-39

般的图案和青花瓷流畅的线条，给时装赋予新的生命力。

3）综合信息

综合信息就是来自于社会进步和科技发展带来的审美观念的转变。新的价值观带来的新思潮，高科技带来的纺织技术新革命，使服装设计面临新的挑战。设计者对各种信息源的组织，应具备一定的设计基础和理论基础。其实，许多信息就在我们身边，只要善于思考和观察，就能从平淡的事物中发现新的思维点，再由点、线、面展开组成造型体，构成视觉新形象。

7.3.3 创意类服装的构思过程

酝酿萌生在设计师大脑中的设计构思，显然源于对自然与社会存在的物象形态的细微观察、深刻领悟和独特思考，是需经过一定的情感引申与理性推断而颇具意味的初创过程，采用素材搜集、灵感获取和提炼深化的步骤及方式加以完善落实的。

对于创意类服装设计，总是离不开强调创新。无论在设计的风格、内涵、形式、表现等诸多方面都要强调与众不同。不安于现状，不落俗套，标新立异，独辟蹊径，这些都是设计师在创作中的追求，这些追求与市场化的服装产品设计要求虽然有着共同之处，但由于在设计目的上存在着较大的差异，因此，体现在设计过程以及设计方法上也有着一定的区别。

创意类服装的设计根据引发创作的不同，可以分为偶发型设计和目标型设计两种类型。偶发型设计，是指设计之前并没有确定的想法，而是受到某类事物的启发，突发灵感而进行的设计创作。目标型设计，是指设计之前已经制定出明确的目标和方向的设计。如我国的“兄弟杯”、“汉帛奖”等设计比赛，规定了明确的设计主题，限定了设计方向，因此属于目标型设计。

无论是目标型设计还是偶发型设计，一般都要经历确定方向、搜集素材、触发灵感、记录灵感、充实细节、确定形式、总体完善、检查期的构思过程。

1）确定方向(创作冲动期)

对于偶发型设计来讲，设计的开展是受到某一事物的启发而产生一时的创作冲动，因此，设计之初并不存在确定方向的问题，可以任凭主观的表现愿望或表现内容去发展完成设计。对于目标型设计而言，事先都会有一个明确目标，这类设计的目标可以是由自己确定的，也可以是他人确定的。目标的内容可能是一个设计主题，可能是一个设计意向，也可能是一种服装类型。例如“兄弟杯”设计大赛中第四届主题“我与朋友参加艺术节盛会的晚装”，就限定了服装类型是晚装；第五届是“水上旅行”，就限定具体的“水土”情境，与水的密切联系；第六届是“20 世纪回顾”，做了时间上的限定，设计内容极为宽泛；第七届是“我们只有一个地球”，突出环保的主题。诸如此类的设计目标比较宽泛，往往只有一个大体的指向和限度，设计的内容相对广泛，思维创意比较自由，可以充分发挥想象力。但是，对于具体设计构思而言，也存在着太多的可能性和不易把握的缺点。如果设计者不去缩小设计范围，明确自己的设计方向，就容易造成设计思路的混乱无序，难以集中精力搞好创作。

因此，设计者必须事先对这些大目标进行分析和研究，通过运用排除法，删除一些自己认为无用或者无关的设计因素，以达到缩小或划定较为具体的设计范围的目的，从而使自己的思维变得清晰和明确。

2）搜集素材(创作准备期)

俗话说“巧妇难为无米之炊”，设计实践证明，无论是偶发型设计还是目标型设计，都需要在设计之前搜集相关的设计素材。搜集素材的目的在于为设计的创想提供某种感性认识和灵感启迪。从形色各异的自然与人为的造物形态中，直接或间接地获取生动感受，对开创思路是非常有益的。经由游览、采风和观赏的途径直接所获的素材，更容易得到真切鲜活的体味感受来引发构思的灵感与情动。依靠电视影像、书刊画报、网络通讯等各种传媒的方式间接地取得素材，则能有效地抢得和占有资料，为设计表现增加更多的参考出处。诸多生动有趣而奇特不俗的素材或形象本身，其实都具有一定的预见性与把握性的参照提示作用，使创造的思维得以提升完善以不断推出新的服装样式。

事实上，灵感的获得，必须具有两个必要前提：一是外来刺激；二是勤于思考。而外来刺激是形成思考的基础，所以，在设计之前，为了激发灵感，开拓思路，丰富设计素材，必须事先做好相关形象资料的收集工作。

3）触发灵感(创作思维闪动期)

能够激发创作灵感的途径和方式很多，可以是生活中的某件事情，可以是大自然中某一景物的印象、艺术作品，也可以是某人不经意间的一句话。对于服装设计师而言，可能是大师作品、姊妹艺术作品、民间习俗、自然景物、风土人情、异域文化、手工工艺、生物外观、出土文物等等。如果能果断而准确地捕捉到瞬间闪现出的灵感，那么对创作可能会起到不可估量的作用。

直接或间接的素材获取并不完全意味着设计构思所需的灵感随之降临，同时也需要人本身具备的特殊感悟促成各种生动的感觉转化为灵感的东西。灵感通常被认为是因某些外力的因素刺激而导致人脑瞬间触发的奇想状态，这一独特的心灵感应现象对设计的想法往往有着关键性的作用。灵感的闪现其实还在于长期的审美积蓄和苦思冥想，当人的内心与感觉的事物达成美妙的对应契合时，有些神奇的想法便会跃然而出。

很显然，灵感的特质既来自对某些素材内容的炽热情感和高度兴致，又来自不同方式手段的激发捕捉，许多成功的设计正是源于酝酿已久的顿悟和偶然激起的灵思所赐的机缘，甚至于有些失态的痴迷癫狂也经常使奇妙的灵感萌发。采取多种手段构成视觉、听觉、嗅觉、触觉等的刺激在人的感官神经中产生极度的魅惑,的确能有效的制造绝妙的灵感奇招。视觉形态惯有的冲击震撼力,往往是引起美感与灵感的一个重要方面。比如,优美的景致、漂亮的人物、生动的花草、遗留的古迹,或者一些细微的晨露水滴、光影变幻、斑痕裂纹等景象,都会显现出奇异的想象和情致,尤其是对那些敏感动情的人而言。

无疑,穿着设计的更新,是需要相应的灵感来催发实现的,从多个方面去寻找感受,使之获取有独创意味的美感表达,显示出不凡的价值含义。

4）记录灵感(创作思维记录期)

对于服装设计来说,灵感的获得光靠“看”与“想”是远远不够的,由于灵感保持时间比较短暂,若不及时记录便会稍纵即逝。即使以后还会出现同样的灵感,但是,就其时间意义和原创意义来说,显然不如第一次出现时那么有价值。记录的方式可以是多种多样的,按照每个人的工作习惯和环境条件而定。记录方式大致有图形、文字和符号三种,或规则或潦草,只要自己能看懂就行,这种看似无意识的勾画,可以有效地刺激大脑的形象思维。在这个阶段,先不要去追求设计的完整性,只追求多角度思考,勾画的草图越多越好,以便从中获得较为理想的设计形式。除了在纸上勾画以外,还可以用一块面料或几块面料直接在人台上尝试,在这样比划、那样缠绕的过程中,往往会有意外的收获,许多知名的设计师都很重视运用这种构思方法获得灵感。

5）充实细节(创作提炼深化期)

感觉与灵感的东西仅仅是给予了构思所需的开启和点拨的推力,如何进一步使感觉或灵感的思绪上升为完整流畅美的创造,着实需要更为具体深入的反复推敲。

记录下来的灵感一般是比较潦草而简单的,也并非每个灵感都适合用到服装上去。尤其在记录到众多灵感时,更要注意对灵感的整理。可以对每个灵感进行一定程度的放射思维,并从中找到最佳发展方向。充实细节是灵感的具体化过程,是物化过程,也是设计思维的深化过程。有了灵感,不等于解决了问题。灵感的出现只是找到了“突破口”。思维发展有了一个“点”的线索。要完成整体设计,必须由“点”形成“线”,由“线”扩展到“面”,也就是找到相应的服装表现形式,逐一添加完成服装的具体造型、色彩搭配、材质组合、装饰方法以及工艺手段等细节问题。

有关服装设计的构思,形成于多个因素的有机组合与协调完善的过程之中,除去对具体穿用及习俗等的要求考虑外,外观式样的创作表现也成为极需调理推敲的方面。在细节设计中,要求设计师能够依据美学原理提出多种变化方案,结合服装设计中具体的面料、款式、色彩、配饰等,便可制造和谐舒适的比例关系,以及生动变化的对比感觉,从而使衣款的构思表达更趋完美。例如,领型可以有几种变化,口袋哪种形式最为合适,哪个部分最需要有装饰,使用什么装饰手段最能突出效果等等,通过反复思考和反复比较,寻求到最理想的表现形式。需要注意的是,在一套或一个系列的设计中,并非要求服装的每个细节都有变化,而是要突出细节变化的重点,如果突出的“点”多了,反而影响服装的整体性,效果是适得其反的。

6）确定形式(创作思维定型期)

确定形式就是需要在多种变化方案中确定最佳的表现形式。在确定过程中,设计师一方面需要回到最初的感受状态中,回味最初的感觉;另一方面还需要以艺术的眼光去审视这些构思，以便确定既符合自己的追求，同时又是最具有艺术感染力的设计形式。倘若发现形式不理想、不到位或者还未表现出最初的想法，就要分析原因，能修改的就修改，不能修改的就需要重新构想。

需要提醒的是，在这一过程中，需要把设计的服装形象，从结构工艺的角度较为完整地在头脑中“制作”一遍，促使设计从形式的表面深入到内在的结构中去，以此来验证设计的可行性和合理性。只有这样，构思才不会是空想和幻想，不至于偏离服装的本质。

7）总体完善（创作整合期）

确定最佳的表现形式后，仍需要进行最后的完善。要把思维的重心从细节构思转移到整体的把握上来，从整体的角度审视各个细节之间的关系是否和谐，包括恰当的造型、色彩材质和肌理的美感，精心处理的同一、参差、主次、层次以及平衡、对比、比例、节奏、韵律等审美关系，实现总体效果的完美性。

8）检查期（创作想象展开期）

当明确了主题，并确定了主题的表现题材之后，捕捉瞬间产生的各种灵感，并以此展开丰富想象进行创意构思，同时在实践中不断检查和挖掘创意构思的可行性因素，以达到设计的科学性、整体性。

思考与练习

1. 观察大自然中的现象，收集素材（图片），提炼设计元素，并将这些设计元素转化为时装的种种可能性，制作设计方案五幅，并附构思说明。

2. 根据传统服饰文化艺术的启发，寻找设计灵感，结合当季流行趋势，设计一系列（4~6）创意类服装，并附面料小样及设计说明。

8 创意类服装设计

学习目标

1. 掌握创意类服装设计的基本方法;
2. 利用材料表现创意类服装设计;
3. 熟悉创意类服装设计程序;
4. 掌握创意思维能力和系列主题的表现能力。

创意是一种新奇的独特的创造性的意识。创意性服装是设计师通过发挥自己独特的想象力和创造力,设计出体现设计师个人情感,使设计作品有新的创造性意识形态的富有个性化、艺术化的服装形式。(图 8-1)

图 8-1 作者:王培娜

8.1 主题的确定

设计创意类服装,通常要确定服装的主题。主题是服装设计作品所要表现的中心思想,是作品的灵魂与主导,通过时装作品的表现体现出来,主题的确定是创意类服装设计的开端。主题是可以感知的,例如或是表现沙漠的风貌或是浪漫的气息等。选择好主题,再根据主题的感觉来构思服装的造型、面料肌理、色彩配置和图案装饰，并通过服装的这些因素再现主题的整体感觉，以体现主题的构思意图。确定主题的目的是启发和引导设计师对所要设计的内容进行创意和拓展。选好题材，明确主题，有目的的思考和创作，是设计的关键。

选择、确定主题的时候，首先要进行市场调研，了解国内外的服装流行趋势及其规律，研究新的科技成果、新的文化动态和新的艺术思潮，充分掌握各种信息和素材。素材是服装设计不可缺少的设计元素，是设计构思创作的源泉。题材是构成服装作品的素材，主题是服装作品的中心思想，二者相互影响、相互制约。设计的关键就是通过对题材的具体运用，体现主题的意图。

主题的确定可以从两个方面去把握：

（1）先有题材再有主题

题材的生动性对设计师有启示和刺激作用，可启发设计师的创作灵感和联想，想出作品的设计方案。这在流行预测发布和个人作品展示中常用。如：伊夫·圣洛朗以中国清代服装为素材设计出具有中国民族风格的服装；日本的小攸顺子通过参观中国北京的城市建筑，由此受到了启发，激发了自己的设计灵感，结合中国的“天圆地方”的传统观念，确定了设计主题，设计出圆代表天、方代表地的设计理念的时装；皮尔·卡丹受到中国故宫建筑风格的影响，设计出带有中国古建筑元素的服装。

（2）先有主题再有素材

这也称之为命题设计。先确定一个主题，要求设计者围绕这个主题进行设计，常用于国际、国内的时装设计大赛、专题设计训练、竞标型设计等。如 2006 年“中华杯”国际服装设计大赛的设计主题“期盼（Expectation）”是一个宽泛的主题。主题启示：精彩缤纷的世界、美好时尚的生活，让我们对未来、对世界充满期盼与幻想。主题的中心含义就是对世界充满幻想和期盼。设计师根据这个主题搜集素材，进行设计。

在确定主题的时候，可从以下几个方面进行：

（3）以民族与传统素材为主题

传统文化和现代创意时装有着密不可分的联系，传统艺术的创作过程和最初的思维模式，对现代艺术形式的创作有直接的引导意义。传统艺术中至真至美的文化底蕴，是现代艺术

图 8-2　作者：三宅一生

创作的灵感源泉。具有独创性的设计师往往是在传统文化与现代艺术的交融中,通过自身的认识和理解寻求其特有的艺术语言和表现手法,以寻找出理想的设计主题。日本著名服装设计师三宅一生,就是在传统的艺术风格中挖掘灵感,找到合适的主题,将具有东方传统文化的观念与面料肌理结合起来,设计出前卫的时尚服装。他设计的服装洋溢着传统文化的魅力。(图 8-2)

民族艺术的形式美感和永恒的魅力影响着现代艺术,在优秀的民族民间艺术中可以发现创意性服装设计的主题。例如非洲文化、俄罗斯文化、西班牙文化、印第安文化等。在民族文化、民族图腾中,我们可以从缠裹的造型设计、强烈的色彩配置、独特的天然纤维物以及夸张的图案、粗犷豪放的装饰中,充分挖掘现代创作灵感,找到设计主题。意大利时装设计大师瓦伦蒂诺(Valentino Couture)就曾经从庄重威严的民族艺术中找到设计主题,推出了中国建筑式样的时装作品。在日本的和服、印度的纱丽、中国的旗袍、中式服装、贵州苗族的服装、西藏的藏族服装以及其他少数民族的服装中,都可以确定主题。(图 8-3,图 8-4)

图 8-3　日本民族传统文化素材

图 8-4　以民族素材为主题的异国情调的服装

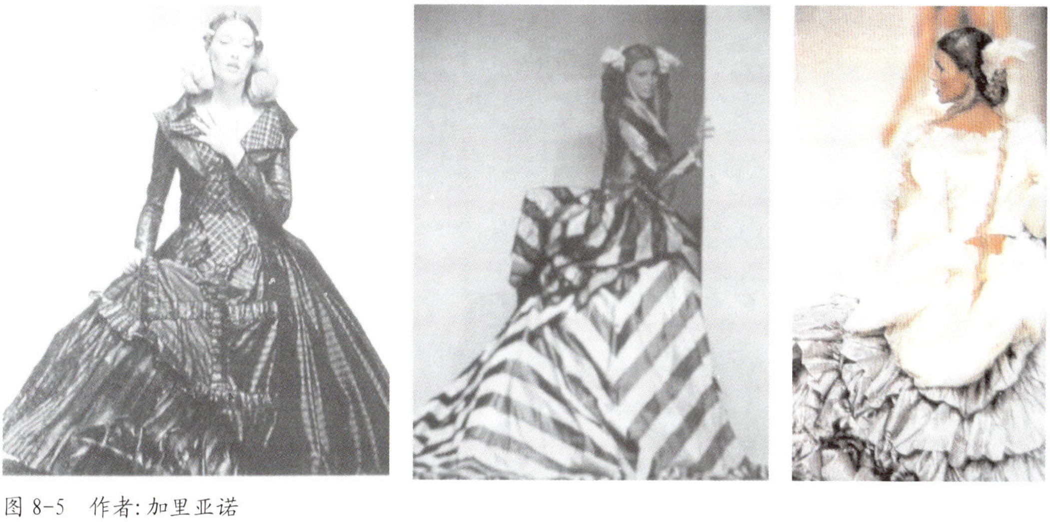

图 8-5　作者:加里亚诺

加里亚诺20世纪90年代的作品中，常常从现有的和过去的传统的服装和过去的事物中寻找设计主题。（图8–5）

（4）以自然与环保素材为主题

大自然赋予人类丰富的资源，给人类的艺术创作提供了丰富的素材和无限的灵感，自古至今就是服装设计的重要灵感来源之一。近年来，污染使自然生态环境遭到了极大的破坏，由于对大自然的爱恋，人们的环保意识越来越强。从自然、环保题材中寻找主题也成为一种时尚，成为服装设计的热点，例如以各种天然纤维材料和表现自然生态特征的图案为素材设计出强调人与自然和谐统一的服装。设计者通过对自然界的植物、动物、山水湖泊、各个季节的色彩来表达内心情感，从大自然的造型、色彩、材料中广泛地获取主题。（图8–6）

图8–6　以自然界植物、动物的造型为主题的服装设计

（5）以艺术与人文素材为主题

综观古今中外，服装都与文化艺术有着很深的联系。东西方文化的交融和渗透，无疑会使设计者从中获得启示和借鉴。社会的诸多文化形式，如建筑、绘画、雕塑、戏剧、电影、舞蹈等，都可以成为确定主题的源泉。唐代诗人周濆在《逢邻女》中写到：“日高邻女笑相逢，漫束裙腰半露胸。”诗中生动地描述了唐代开放华丽的服装造型和高雅的服装风貌，我们从中可以看到唐代袒胸露肩臂、薄纱绕臂、长裙曳地、宽松飘逸、雍容华丽的唐代妇女形象，由此我们可以产生灵感，确定主题。如今，东方文化越来越受到重视，国际服装界正在掀起东方文化热潮。设计者可以将主题的切入点放在东方文化天人合一、崇尚自然和谐的风格上，从而设计出造型简洁、素雅、和谐统一、自然清新风格的服装。艺术对服装的影响很大，通过对艺术的欣赏与鉴别，可以找到灵感和启示，寻求到主题。受哥特式建筑艺术的影响，在同时期的高顶帽和尖跟鞋上反映出来。法国著名服装设计师伊夫·圣·洛朗在1965年设计推出的“蒙德里安”样式，就是从荷兰抽象派画家蒙德里安（Piet Mondrian,1872~1944）的冷抽象画《红、黄、蓝构图》中得到灵感，寻求到启示，确定了主题，设计创作出著名的服装，针织短连衣裙上黑色线与原色块的

组合，以单纯强烈的效果赢得好评，是服装与现代绘画巧妙结合的典范。达达主义艺术流派成员在早期的实践探索中，在超现实主义的影响下，把艺术和时装结合起来。如埃尔莎·夏帕瑞丽（Elsa Schiaparelli）的作品就带有强烈的超现实主义风格；加里亚诺从看到和听到的景物中汲取营养，受到芭蕾舞的启发，从芭蕾舞中找到了灵感，设计出以芭蕾舞为题材的时装。（图8-7，图8-8）

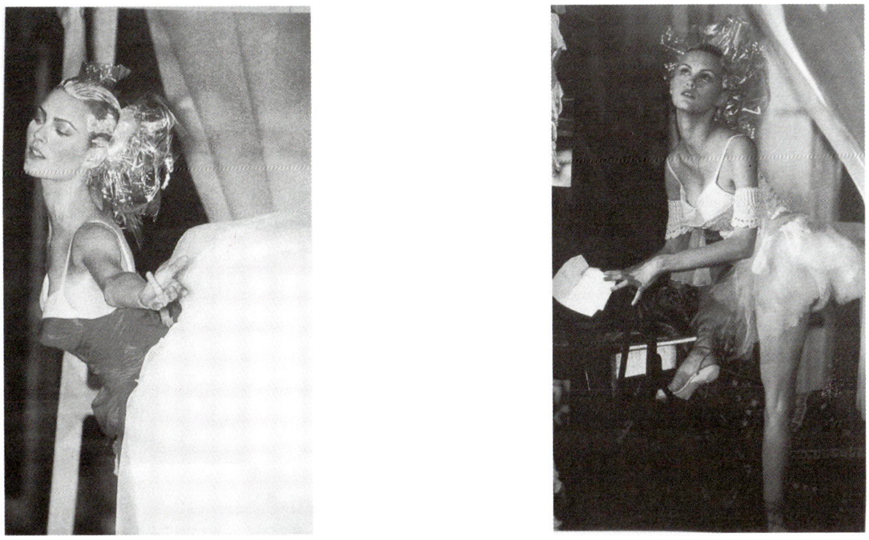

图 8-7　作者：加里亚诺

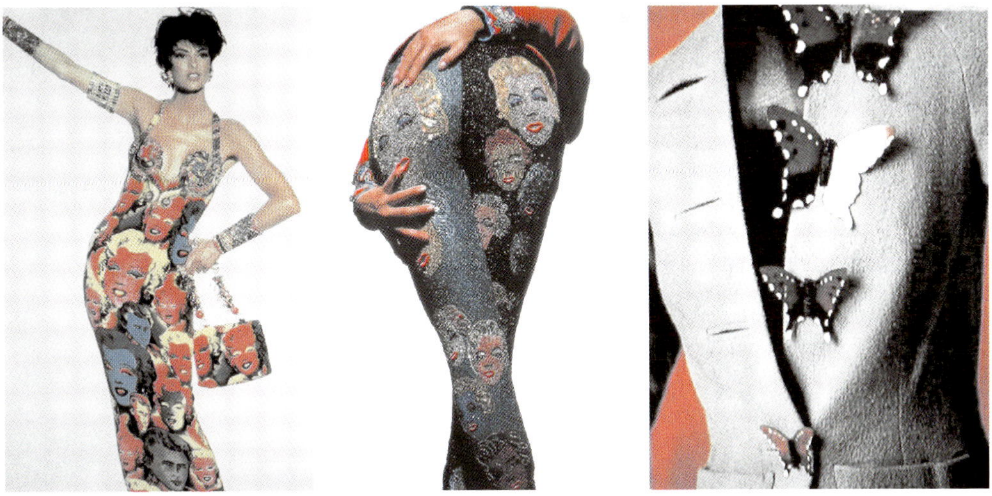

图 8-8　作者：夏帕瑞丽

（6）以时尚与高科技素材为主题

服装的发展与时代的进步关系密切。服装的发展充分反映出时代的社会文化特征，每一次社会变革，社会的新思潮、新动向都为服装设计师提供了创作的灵感和源泉。西方 20 世纪 60 年代著名的“年轻风暴”，反战、反现行体制思潮的“朋克”和“嬉皮士”运动，改变了人们的世界观和审美意识。服装设计受到了巨大影响，发生了天翻地覆的变化，一改过去高级时装模式，进入了具有划时代意义的“迷你时代”。引领时尚潮流的英国服装设计师马丽·奎恩特设计了体现时尚精神的“迷你”超短裙。被誉为“朋克之母”的设计师维维安·韦斯特伍德，设计出极具夸张和颠覆性的内衣外穿、“迷你”裙等服装样式。（图 8-9）

图 8-9　作者：韦斯特伍德

科学的发展推动了社会的进步，也影响了服装的发展，高科技、网络、信息、太空探索、宇宙之行等推动了新型面料的开发与应用，同时也给了设计师无限的想象、开发空间和设计理念。法国著名的服装设计师皮尔·卡丹设计了以航天科技为题材的“宇宙服风格”服装。随着纳米、信息等科技的发展，各种新的材料如环保纤维、防紫外线纤维、彩色棉等问世，给服装设计带来了新的灵感。生产厂家将纳米技术运用到面料生产中，生产出具有环保性能的服装。例如具有环保性能的滑雪服、太空服和各种职业的特殊服装等。（图 8-10）

图 8-10　作者：王培娜

8.2 收集相关信息，寻找构思切入点

一个主题可能对观众和评委产生很强的吸引力，这就要求设计者要准确解读主题，拓展主题。在服装设计的第一步里，我们已经确定了主题，通过审题和确定主题，明确了主题的中心思想和内涵。接下来，我们就要明确主题所要表现的外延，深入生活，了解未来穿衣人的社会经济状况、文化水准、生活方式等状况，掌握它与其他社会现象的联系，着手从服装的款式、面料、色彩上考虑和收集与主题相关的各种信息和素材。

收集素材和信息时，可以采用勾画形象和文字记录相结合的方法，收集、描绘、记录下自己感兴趣的信息。这些信息和资料是设计师构思服装形象的依据，在整理过程中加以联想找到灵感，初步确定构思目标和方向。

参加各地举办的博览会，能收集到许多信息，这是服装创意的重要手段。从资料中，我们可以了解到参展商展出的商品中所包含的明显的流行趋势，以及参观者特别是服装业内人士参观展览时的反应，它有助于我们了解时装界的现状。

8.3 发挥联想，捕捉创造灵感

灵感是创造者通过认识和收集素材，受到某种事物的启发和刺激，从而对题材产生感悟，思路畅通，豁然开朗，思维产生爆发式飞跃，问题迎刃而解。在工作和生活中，善于观察积累现实中的信息与资料，会使我们把想法集中，并能提供形成理念的素材。可以在你的设计室的周围布满杂志上的图片，把图片分类以便激发灵感。博览会上拍回的图片在设计时也会起到很好的指导作用。收集的材料有许多，如色铺、草图、面料、注解、相关物品、广告、摄影、装饰品、成型的衣服、录像、动画等。通过思考，人的记忆系统中储存的信息会与当前的刺激产生突发与连接的反应，产生一个想法，随之会引发产生更多的想法。这些想法体现了设计师本人的独特个性，或者体现当前的流行趋势和时代精神。灵感的产生与设计师的经历有关，灵感源的获取可以遍及每一个设计师所经历的角落，例如旅行。不同国家和地区的文化、经济、风俗不同，不同的社会的发展与变革使艺术运动和街头文化都不相同。旅游中，我们可从中汲取灵感，获得灵感。建筑、室内设计等对服装设计的灵感获取是很重要的，如抽象主义设计风格对服装的影响。我们还要记忆捕捉到的灵感火花，不但要记忆，而且要运用工具记录下来。

通过对灵感的捕捉和题材的感悟，找到了思维的方向，通过一些联想的思维法则和方式，把收集到的各种信息资料进行概括、组合、连接、夸张，发现事物之间彼此的联系和不同，在一连串的想象中，找到自己所需要的东西，把不同类别的东西组合成合理的服装形象。

联想是拓展形象思维的好方法，是由一种事物想象到另一种事物的构思方法。联想的方法有以下几个方面：

1）接近联想

由一种事物在性质、空间和时间上的特征，而想象到与它在性质、时间、空间上相近的另一种事物。

2）对比联想

由一种事物而想到与之在性质、时间、空间等方面相反的另一种事物。

3）因果联想

由一种事物的结果而想到其发生的原因，或者由事物的原因而联想到其可能发生的结果。（图 8-11）

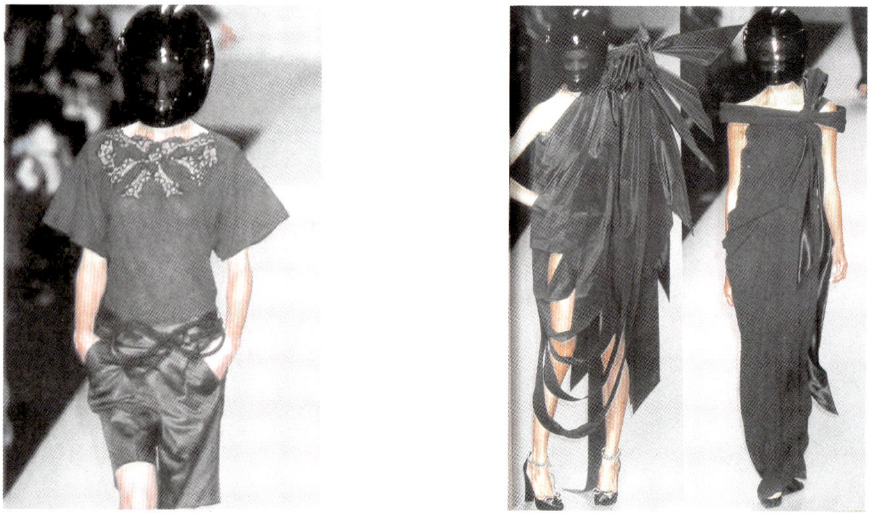

图 8-11

8.4 优化设计方案，准确表达形象

通过确定主题、把握切入点和捕捉灵感，接下来就是对设计方案的完善和表达。我们可以从服装的款式、色彩和面料三个方面去考虑，具体从以下几个方面进行：

8.4.1 总体形象定位

1）确定设计风格和类型

表达设计方案首先要确定它的设计风格和类型，然后再考虑具体的表达形式，对服装有一个明确的定位，找准设计与需求的接合点，也就是设计的定位，从而确定自己的工作内容和方法。从穿着对象上，要考虑是哪个国家、是男装还是女装、哪个年龄段、什么职业、经济状况如何、学历层次如何、生活习惯怎样、生活模式怎样等，同时还要考虑到服装鲜明的时代特色和独特的艺术风格，考虑到人们的审美情趣。服装的艺术风格主要是强调作品的艺术特色和创作个性，体现服装的内容和形式所具有的鲜明的特征。构思服装风格可以考虑以下几个方面：

（1）是否具有鲜明的民族风格

在优化设计构思时，要充分考虑到灵感的来源，如国内外各民族生活习俗、传统的服装形式、服装色彩、服饰图案、服装面料、装饰手法和各个地方的禁忌等。国内各个民族的喜好也各有不同，都有各自的民族特点和风格。英国的绅士风度、法国的浪漫、美国的简洁与随意、意大利的轻盈与健美等，这些都是各自鲜明的民族风格，设计时可以把这些民族风格的元素用在现代服装的设计中。

（2）是否具有鲜明的时代风格

在优化设计构思时，要充分考虑到各个时代政治、经济、文化、社会心理的风格。如先秦服装的原始与自然、秦汉服装的古朴与大气、魏晋南北朝服装的娟秀、隋唐服装的富丽堂皇、宋元服装的优雅、明清服装的华贵高雅。又如西洋服装中，古希腊罗马服装体现了人体自然的曲线美、文艺复兴时期服装体现着人文主义，还有17世纪巴洛克时装的装饰性及18世纪洛可可服装等，那么现代服装也具有自己鲜明的风格，我们在设计时要充分考虑到现代风格，与现代生活紧密联系起来，设计出体现现代生活气息的时装。

（3）是否具有鲜明的个人特点和风格

在设计时，要充分表现出设计师自己独特的审美观念和创作个性，选择好设计语言，运用好设计符号，从而设计出良好的艺术形象，充分表现出设计师丰富的思维个性和鲜明高雅的独特风格；同时，设计师在表达自己的风格的时候，也要考虑到大众的风格、服装消费者各个阶层的风格，给消费者留出一定的搭配空间。

2）确定设计作品的款型

款型是服装设计的表现形态，包括服装的外部形态和服装结构形式特征。创意服装的确定可从以下几个方面考虑：

（1）服装款型的选择与人体的关系

人体是设定服装尺寸的依据，因此要充分考虑到人体与服装的关系，要从人体的健康、体型、动作和姿态等方面考虑。（图8-12，图8-13）

图8-12　作者：王培娜

图8-13　作者：王培娜

（2）服装款型的选择与题材的关系

主题靠题材表现，因此在设计时要考虑到与题材相关的造型。是具象形态的就要考虑到是自然还是人造形态。例如主题表现大自然题材的自然形态时，那么款型就要受到大自然的启示，如花、鸟、鱼、虫、日月、山川河流等的外形，并由此引起对造型的联想和想象，丰富主题。如果选择抽象形态，就要考虑到是几何形态还是纯粹形态，如果表现几何形态，就要考虑到几何形态对主题的启示，圆形、方形、角形、多边形等，以此展开想象，服务主题。意象形态为题材，就可以考虑到意象形态的特征。

（3）服装款型的选择与面料的关系

面料是表现服装艺术最重要的手段，不同的服装面料会体现出不同的服装外观造型。服装的款型与服装材料关系密切，不同的面料所产生的服装效果不同，因此可以通过服装的款型体现出服装材料的性质。例如，通过轻薄的面料表现出服装轻柔飘逸的线条造型，产生轻松柔和的感觉；通过厚重的面料表现出服装厚重的线条造型，产生挺括严谨的效果；天然的纤维面料会产生柔和、弹性、天然光泽感，有良好的透气性、吸湿性；化纤面料会产生高强度、耐磨、保暖的感觉。（图 8–14）

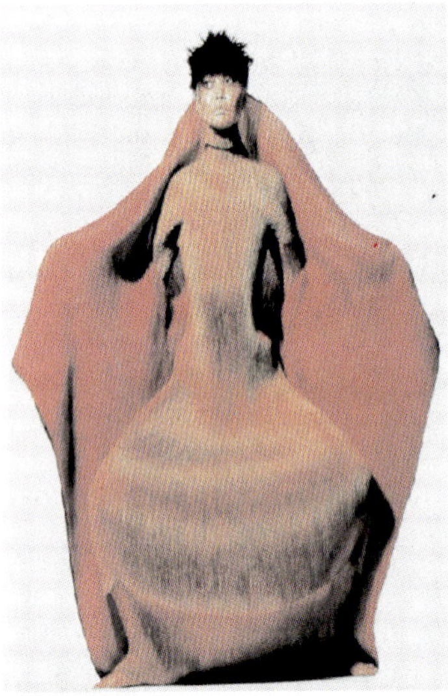

图 8–14　作者：三宅一生

图 8–15　作者：迪奥的新外观

（4）服装款型的选择与工艺的关系

服装工艺是服装设计实现的手段，服装款型设计受工艺的制约和限制，在款型设计的选择上要充分考虑到工艺条件，在体现独特造型的基础上还要具有体现材料美感的服装工艺。

（5）服装款型的选择与风格的关系

服装的款型会体现出不同的风格，不同的廓形会让人产生不同的联想，因此在设计时，可以从廓形上来考虑。H 型轮廓清晰，简洁合体，可以体现整体、清纯自然、流畅修长、宽大简洁的风格；X 型比例变化明显，装饰较多，节奏感强，可以体现优雅华贵、繁杂华丽、脱俗的风格；A 型轮廓清晰、层次繁多，可以表现文静矜持、优雅稳重的风格；V 型挺拔对比强烈，可以表现活泼洒脱、青春活力的风格。（图 8–15）

3）确定设计作品的色彩

在设计过程中，首先要着重考虑的是色彩，色彩影响到别人怎样看你的服装。色彩是物体所具有的特性，它能让物体产生强烈的视觉效果。例如暖色调和纯正色显得亲近，冷色则给人疏远的感觉，亮色显得膨胀，深色收缩。颜色能令人情绪高涨，也能使人平静。选择好服装的款型后，接下来要确定设计作品的色调，考虑作品的色彩效果。主题不同，色彩会有明显的不同。服装的主色和强调色能改变主题的整体形象。可从以下几个因素确定服装色彩的色调：

（1）服装色彩的选择与题材的关系

服装的色调靠色彩来体现，色彩的确定与所选择的素材密切相关。主题表现大自然时，用天空、大地、海洋、河流、湖泊、山石、树木、花鸟、虫鱼等的色彩可体现出自然的和谐与魅力，由此设计构思会得到启示，开拓思路，展开联想和想象，丰富主题和色调；主题表现人工色彩时，如建筑、城市、产品、室内等，都体现着人工色彩的魅力，设计师可以由此得到启示，丰富主题；艺术的色彩会对主题产生深远的影响，服装的色调可以由此产生联想和想象，如绘画、音乐、影视、戏剧、建筑艺术、工艺美术等艺术形式，古希腊罗马的色彩艺术、古典绘画、印象派绘画等都可以运用到服装配色中，蒙德立安的绘画就曾被设计大师运用在设计中；题材反映民族风情时，由于各地的地理环境、生活方式、宗教信仰、风俗习惯等的差异，往往会表现出不同的审美意识和审美模式。因此在确定服装色彩的色调时要深入了解当地的社会现象和民俗风情，也就是要了解当地的色彩文化和习俗。如西班牙民族热情奔放和明朗活泼的色彩，东方民族把红色视为好运、吉利的风俗等。

（2）服装色彩的选择与风格的关系

斑斓的色彩让人产生丰富的想象，不同的色彩会产生不同的风格，因此首先要了解各种风格的内涵和表现形式，才能运用色彩的语言和形式来表达自己的设计意图。例如运用高纯度、高明度、色相对比强烈的色彩，让人联想到青春、跳跃，可表现热情奔放、健康活泼的风格；运用中高明度、中低纯度的色调可表现传统成熟、高贵优雅的风格；运用历史和蕴含于那个时代的色彩特点，例如秦汉时期的敦厚和质朴、隋唐时期的富丽、古希腊罗马时期的单纯与高贵、巴洛克时代的华丽与辉煌，把这些不同时代的色彩特点和风格以及色彩的运用、装饰手法等等，与现代的服装元素结合起来，表现出古典的风格；运用银灰色等冰冷的金属色，闪光的织物，可表现出一种冷冰冰的浪漫梦幻风格。

（3）服装色彩的选择与面料的关系

不同的面料会使同样的色彩显示出不同的外观，可以利用面料的材质性质和肌理效果来表现色彩的不同外观。可将厚重材料的深沉、轻薄材料的轻柔、硬材料的挺括、软材料的飘逸等与色调结合起来，体现出作品的特殊效果。（图 8-16，图 8-17）

4）确定设计作品的面料

材料是服装设计的根本，不同风格和款型的服装需要不同的材料予以表现，如挺括厚重面料的服装表现稳重端庄，柔和轻薄的面料服装表现柔和飘逸，吸湿透气的面料宜用于夏装和内衣等。掌握面料的性能特点，对面料的外观、肌理、图案等了解透彻，掌握美学的形式美法则，可充分地把材料的独特美与服装结合起来。

确定研究面料时，重要的是要考虑系列服装之间和面料之间的均衡关系，然后就要根据长度订购面料和感兴趣的配饰，提供面料小样。

图 8-16

图 8-17

一个服装设计者需要具备将二维设计图转化为三维立体服装的能力，还要充分了解材料的性能。设计时，可以把选定的面料裁成小块，以便进行不同的组合，创造出不同的搭配方法，最后确定如何使用。有了好的想法，要赶快利用草图和文字记录下来。面料的风格不同，手感也不同，如粗糙、光滑、温暖、凉爽。在选择面料时，要考虑到织物的重量，它可以决定衣服的悬垂性；要考虑组织是平纹组织还是斜纹组织；考虑材质是光滑的还是粗糙的；考虑图案是否一致和是否能对准花形和格子；还要考虑价格等等。同时，设计者还要了解织物的种类，是机织物、针织物、花边、网眼织物、水洗、涂层、抗菌面料还是丝光面料。还要从面料的性能上考虑是动物纤维、植物纤维还是人造纤维。

8.4.2　基型的构思

根据总体形象的定位，首先构思设计出一套具有代表系列服装设计风格的服装款型，即服装的基型款型。把前面做的研究和收集到的信息放到一起，可以勾勒出一个大致的形象。在草图上把设计理念画出，绘画时要有判断力、自信了解流行趋势、有原创性和新见解。不断地修改结构和廓型，然后再表现出服装的比例、风格、结构线等。最后加上外表装饰和细部整理，还要考虑面料、色调等，完成最后的设计草图。

一般在设计常规服装的基础上进行考虑，可从以下几个方面考虑：

1）从常规服装模式入手

从某一常规服装着手，带动其他服装。例如，选择一个理想的款型，依据其结构特征、线条感觉、造型风格等进行创意性设计，用夸大、分解重构等手法加进新的理想形象。（图 8-18,图 8-19）

图 8-18

图 8-19

2）从常规服装的基本形态入手

服装形态是指人着装后的一种状态。设计者可选择一个服装的基本形态作为构思的方向，合理地表现它。服装的基本形态可分为以下几种：

（1）腰衣型

运用面料制作成围在腰、臀部的服饰。可以把较为适体的服装缠裹在人体身上。（图 8-20）

图 8-20

图 8-21

图 8-22

（2）披挂型

把服装披搭或围挂在人体上，可以采取缠绕、卷绕的方法。（图 8-21）

（3）贯头型

运用整块面料。中间取洞，做成前后衣片相连的筒状，套过头部，以肩部为支点，笼罩着身体，又叫套头衣。（图 8-22）

（4）包裹型

利用前开、侧开、后开的方法，按照人体的结构特点，把较适体的服装包裹在人体上。（图 8-23）

图 8-23

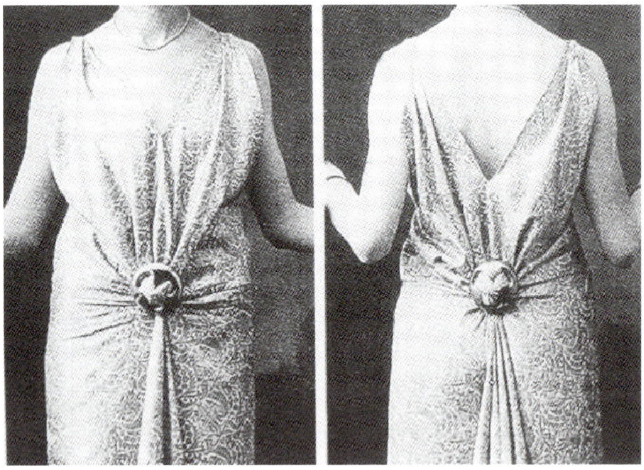

图 8-24

图 8-25

3）从服装造型的方法入手

服装造型是以人体为基型，借用材料和工艺手段，通过一定的立体构成的艺术手段把人体包裹起来，塑造一个立体的服装造型。立体构成法是指直接在人体模型上铺放坯布进行款式造型，用大头针固定，确定轮廓。可以直接仿作设计图，或再创作。服装造型的方法有许多，常用的有：

（1）扎系法

将大小、质地不同的衣料在人体的各个部位扎系成结构不同、富有层次、富有韵律的形式。（图 8-24，图 8-25）

（2）披挂法

以身体的某一部位为支点，用质地、大小、色彩不同的面料披挂到人体上，形成层次、虚实、透叠的效果。（图 8-26）

图 8-26

图 8-27

图 8-28

（3）褶堆积法

利用工艺等手段，将面料进行抽缩、挤压、堆积，形成不规则的立体感强的褶皱造型。（图 8-27,图 8-28）

（4）缠绕法

运用一定的美学规律，将面料缠绕在人体上，形成一定的服装形式。（图 8-29）

（5）编织法

将细长的布料条或绳索用编制的方法，形成一定的立体造型。（图 8-30）

（6）镂空法

对面料进行挖洞、打孔、抽纱处理，使面料本身发生改变，形成立体的效果。（图 8-31）

图 8-29

图 8-30

图 8-31

（7）折叠法

将面料有规律地进行叠折，使服装产生层次感、空间感、韵律感，形成奇特的艺术造型。（图 8-32,图 8-33）

图 8-32

图 8-33

8.4.3 设计的拓展和系列的派生

服装基型确立后，在此基础上，设计构思与之相似的其他服装，也就是系列服装，衍生的其他服装与基型之间互相关联，存在着相互依存统一的关系，各个造型之间具有相同或相近的元素。设计构思要掌握一个原则：个性中突出共性、共性中包含个性；统一中有变化，变化中有统一；对比中把握协调，协调中体现对比。

在设计中，应抓住一两个要素为重点进行设计，如以色彩、款型、面料等为重点进行设计。我们不提倡设计重点太多，否则设计要素太多、太平均而显得主次不分、过于凌乱。设计者要考虑到服装系列整体的平衡，图案、面料、装饰是否合理，色彩运用是否协调等。（图 8-34）

图 8-34　作者：王培娜

8.4.4 创意构思的形象表现形式

设计完成后，要根据需求绘制出效果图，效果图一定要紧扣主题。同时还要绘制出设计技术图。

1）服装设计效果图

服装的设计构思一般以效果图的形式表现出来。服装设计效果图是服装设计的重要环节之一，是以绘画的手段着重表现服装造型、色彩配置、面料搭配、分割比例、局部装饰以及整体搭配等。主要注意以下几个方面：服装人体的艺术处理，比例要准确，对于头、手、脚的处理要力求简练概括，以突出服装的美感；设计表现技法要以充分表现服装的款型和整体着装效果为目的。（图 8-35，图 8-36）

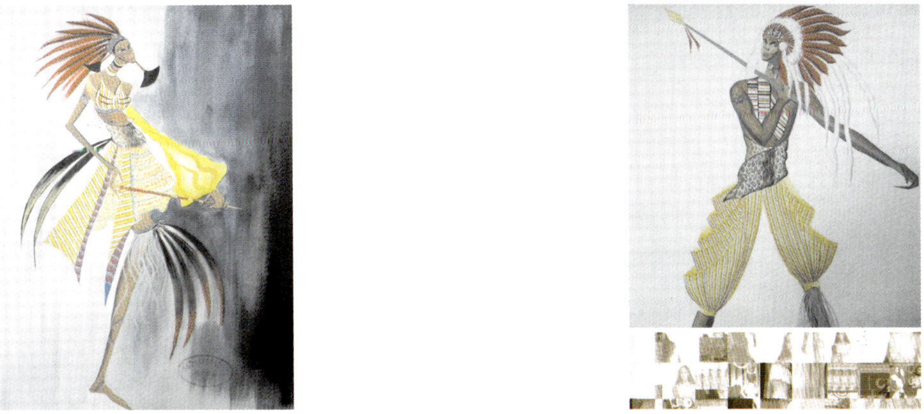

图 8-35　学生作品

图 8-36　学生作品

2）创意服装款式图的绘制

服装款式图在服装设计的过程中很重要，它对选出要制作成立体服装的设计做了详细、明确的诠释，它以线条描绘服装的款式特征，表现的内容包括服装的外轮廓造型和服装内部的款式变化。一般用粗实线表示整体轮廓线，细实线表示结构线、装饰线。要求根据需要，线条深浅粗细要准确清晰有变化，比例要准确，整体与局部交代要明确，如衣缝、省道、开衩、衣褶、纽扣、袼袢等。服装款式图分正面图、背面图、侧面图、3/4 角度图、局部图，可根据需要选择所需的视图。绘画时，所要表现的款式图要注意外轮廓、局部和整体、局部与局部的比例关系；绘画时，注意款式图左右的对称和平衡；同时要注意服装里外的层次感和空间关系；还要注意表现服装的结构和工艺。（图 8-37）

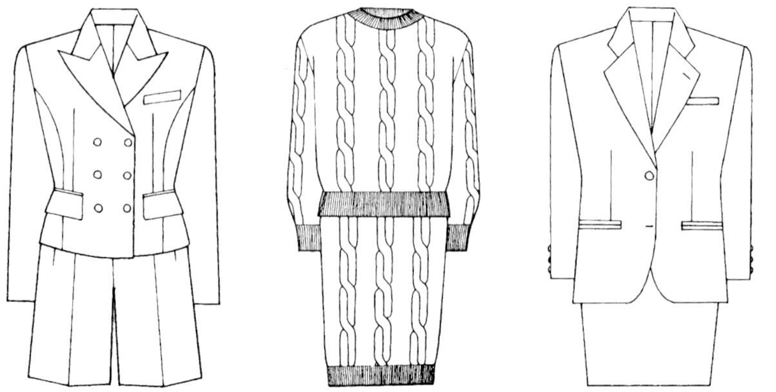

图 8-37

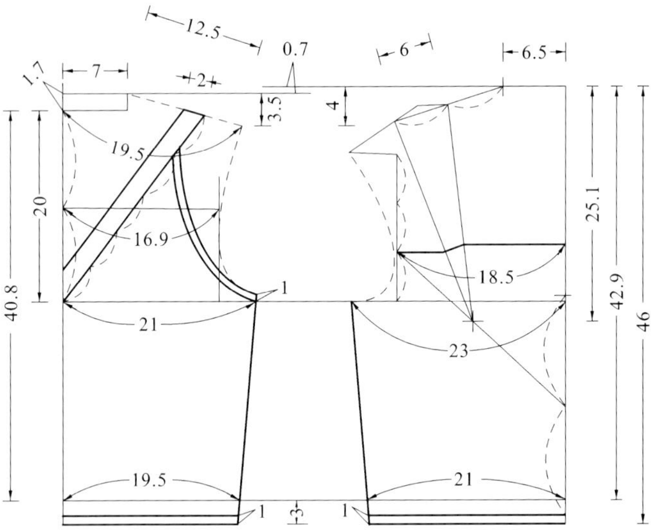

12.5
0.7
6
6.5
1.7
7
2
3.5
4
19.5
20
16.9
25.1
40.8
42.9
46
18.5
1
21
23
19.5
21
1
3
1

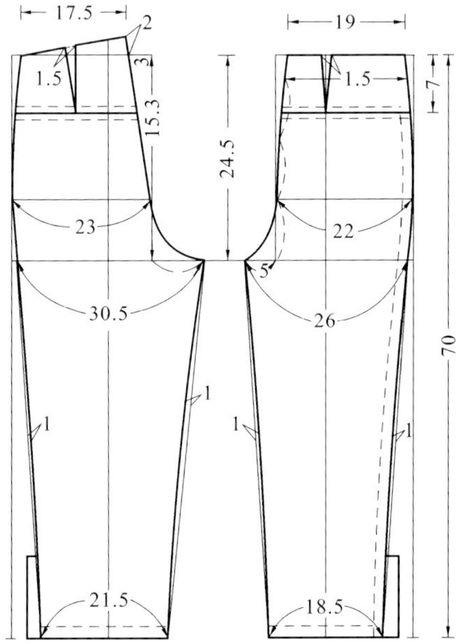

17.5
2
19
1.5
3
1.5
7
15.3
24.5
23
22
5
30.5
26
70
1
1
1
1
21.5
18.5

图 8-38

3）创意服装结构图(裁剪缩图）

在进行服装结构图的绘制之前,要认识织物对身体的贴合程度,裁剪织物的悬垂性更好解读服装效果图并将其转换为结构图。服装结构图是使服装造型设计的构思效果转化为平面的衣片结构,用于检查设计的合理性,为服装工艺提供了样板和裁片实物。学习服装结构图通常采用平面构成法,有比例法和原型法两种。练习采用 1:5 的比例画出。如果制作成服装实物的话,就需要运用 1:1 的比例裁剪出衣片。然后通过工艺制作完成。(图 8-38)

在结构设计中要充分了解面料的性能。例如,斜向纹路的面料可以采取斜裁的方法;而弹性和针织织物可以考虑面料的拉伸和回复的量。

4）立体裁剪

由于创意性服装以模特为着装对象，因此在设计裁剪制作时不能按正常人体的比例制作,而是要以模特的尺寸为标准。立体裁剪是以人模或人体为基础进行的服装造型手法,运用特殊的服装结构和强烈的造型对比来表达某种时尚和设计意念，是创意性服装设计的特征。这种服装最适宜用立体裁剪的手法来实现。(图 8-39~图 8-45,作者:王培娜)

图 8-39

图 8-40

图 8-41

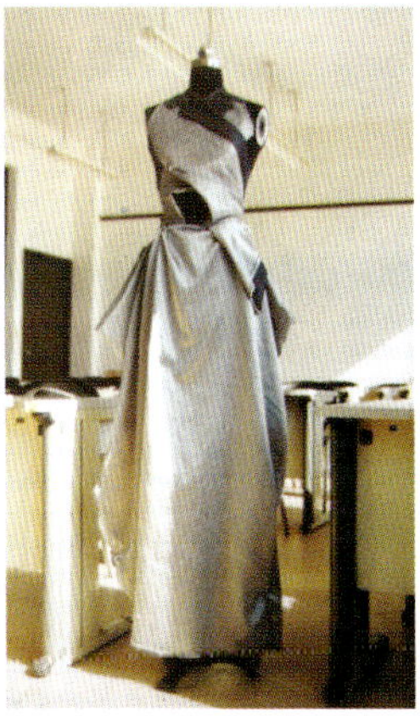
图 8-42

图 8-43

图 8-44

图 8-45

5）创意服装的文字说明和面料料样

在设计效果图上要附有文字说明，其中包括设计主题、灵感来源、设计理念、面料小样等。

6）创意服装的命名

通常情况下，主题都要命名，要给服装系列确定一个体现设计理念的系列“名称”。名称可以从设计理念的关键词中选取，或者在词典中寻找更有诗意的词语。名称的选取要别出心裁，令人过目不忘，要反映设计理念。确定名称时，要考虑它的设计理念和怎样用感染人的词汇来表达。名字要能动情，能制造氛围，还要能反映主题。

7）创意服装的设计理念

设计理念可以表达设计的灵感来源，表达作者的情感和设计思想，设计理念要活泼有趣，令人受到启发，萌发设计思想，以增加设计的感染力。例如青岛大学副教授、高级服装设计师王培娜女士 2003 年“真维斯杯”世界休闲装设计大赛金奖的作品:《童年的梦想》的系列设计灵感来源于看《世界地图》专注的眼神，地图下面各国的国旗给了作者童年的梦想。采用各国国旗作为设计的元素，在服装不同的部位进行协调运用，通过牛仔面料和针织面料的有机结合，设计出休闲风格的时装，体现了对世界和平的渴望。（图 8-46）

图 8-46　作者：王培娜

思考与练习

1. 以民族服装为题材，设计一个系列的创意服装。
2. 以自然素材为题材，设计一个系列的创意服装。
3. 以环保素材为题材，设计一个系列的创意服装。
4. 以艺术素材为题材，设计一个系列的创意服装。
5. 以高科技素材为题材，设计一个系列的创意服装。

要求：8 开纸，自命题并写出设计理念。

9　成衣设计程序

学习目标

1. 掌握创意服装和成衣服装在设计上的不同，了解现代企业成衣设计运作的全过程；
2. 掌握成衣设计的定位，了解成衣设计的方法和基本规律；
3. 掌握成衣设计信息资料的收集渠道，学会分析市场发展方向及消费者的消费心理。

9.1　成衣设计的概念和特点

9.1.1　成衣设计的概念

成衣设计是依附产品的形式来体现的，需得到市场的最终认可，才能实现其价值。它与第2章学习的创意类服装设计有着明显的区别。创意类服装的主要特征强调新颖性和独特性；而成衣设计兼顾实用性和创新性。创意类服装主要表现设计师自身的丰富想象力、生活阅历、审美情趣和独具匠心的设计构思；成衣设计则要受到市场流行的约束和企业定位的指导。创意类服装的设计对于推动服装业的发展、艺术探讨、提高艺术观赏有着极其重大的社会效应，更深层次地展示服装的艺术魅力；成衣设计则更多地考虑其实用性、美观性，最大限度地满足消费者的穿着需求，同时以市场为导向兼顾产品给企业带来的经济利润，设计出一系列生产工艺流程，做好产品成本核算。

图 9-1

图 9-2

成衣的英文名是 ready-to-wear（高级成衣），是指按照一定型号、规格、尺寸标准批量生产出来的服装成品，有别于量体裁衣和自制的服装，它服务于一般的大众顾客。（图 9–1，图 9–2）

社会在发展，生活层面越来越丰富，人们对服装的要求已不再局限于可以简单的穿着，而是希望适合各种需求，而成衣具备了相关特点，以强大的攻势刺激消费者的购买欲，因此促进了成衣的发展。

9.1.2 成衣产品的特点

1）具有号型特征

服装号型标准是国家对成品产品规格所做的统一的技术规定，是对各类服装进行规格设计的依据。

号型中规定，“号”是指人体的身高，以“厘米”为单位表示，是设计和选购服装长短的依据。“型”是指人体的胸围或腰围，以“厘米”为单位表示，是设计或选购服装宽窄的依据。这种归纳统计出来的号型，覆盖面较广，适合于绝大多数的体型。（图 9–3）

图 9–3

我国的号型将人体划分为四种类型，见表 9–1、表 9–2。

表 9–1　我国男子体型分类代号及标准　　单位：厘米

体型分类代号	Y	A	B	C
胸围与腰围的差数	22~17	16~12	11~7	6~2

表 9–2　我国女子体型分类代号及标准　　单位：厘米

体型分类代号	Y	A	B	C
胸围与腰围的差数	24~19	18~14	13~9	8~4

2）具有技术特征

成衣生产要求使用机械化加工，最大限度地降低手工技术含量。机械操作可以使操作时间大幅度下降，减少制作成本，提高经济效益。而且成功的机械制作大大提高了成衣产品的质量，达到产品标准化、质量规范化。

3）具有市场大众特征

成衣产品有别于时装，是成批量生产的，全方位的优化服装结构，简化工艺流程，以最低的价格流通到市场。在面料、款式、色彩三要素方面均需符合市场的发展规律，迎合大多数人的审美观念，同时考虑大众消费者的经济承受能力和对服装流行元素的认可情况，最大限度地满足市场大众的需求。（图 9-4）

图 9-4

4）具有年龄定位特征

成衣产品面向所有的消费者，为了能更好地做好成衣市场，将产品按年龄段分开，便于消费者轻松的选购。通常进行分段，如童装（婴儿装 0~12 月、幼儿装 1~3 岁、中童装 4~6 岁、大童装 7~12 岁）、少年装（13~17 岁）、青年装（18~30 岁），成年装（31~50 岁）、中老年装（50 岁以上）。

5）具有产品标识特征

成衣在进行销售时，产品本身就带有很多统一、规范化的标签标识，如鉴定标签、纤维含量、原产地标签、尺寸标签、商标名、款式编号、号型规格、面料成分、熨烫说明、洗涤注意事项、保养知识等，为顾客在选购时提供参考。

成衣产品具有如上特征，在生产制作时也随着社会的要求更加规范化、程序化。以下即现代成衣生产的过程：

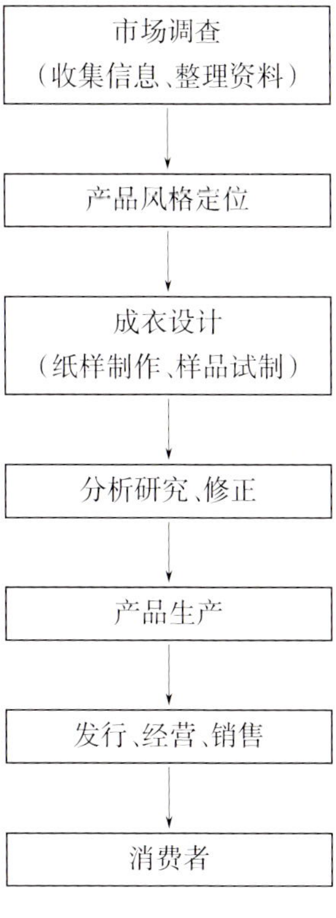

9.2 成衣设计的定位

成衣产品在设计的整个过程中,除要考虑产品本身的特点之外,同时还要密切注视目前服装的流行趋势,服装消费者的消费心理、审美需求,市场销售的相关信息,最后被选购才表示设计的最终完成。因此设计师必须根据市场信息、消费需求,结合企业的实际情况,制定出设计目标,即确立成衣设计的定位。

确立的设计目标正确与否直接影响成衣的销售及企业的发展,设计师一定要善于运用自己掌握的知识,凭借独特、敏锐的洞察力,将与成衣设计相关的因素(企业加工设备条件、成品销售、市场研究、制作工艺流程等)进行概括、提炼、归纳,在积聚了这些条件之后,确定企业的设计定位,集中思维将其贯穿于成衣设计的全过程。(图 9-5)

图 9-5

随着社会的进步,服装行业发展迅速,设计师只有准确地把握设计定位,针对性地进行设计,并随着市场变化和企业的实际情况进行调整,才能在市场上独领风骚。目前,成衣设计定位包括以下内容:

9.2.1 消费群的定位

消费群是指企业在设计前确定的购买者们,服装行业要取得最后胜利,将成衣销售出去,必须围绕消费者进行市场目标的确立,明确对消费群的层次划分。

1) 性别、年龄

确定男装、女装,目前这种传统的着装观念随着人们消费需求的转变逐渐被打破,更多的是依据个人审美观念和物质精神生活的需求而选购的。

2）经济能力

直接反映在消费者承受的价格档次上，企业可以根据经济能力明确市场销售的价格定位。根据经济能力通常可将消费群划分为超值消费群、高值消费群、中值消费群、低值消费群。

3）文化差异

各个地区、各个时段人们都会有不同审美需求和文化习惯，由于各种因素，人们接受的文化程度也不尽相同，消费者的文化层次和个人素质修养决定着他们的精神需求及对于服装的审美品位。

4）生活方式

不同消费层次的消费群，都有自己不同的生活状态和生活方式。如学生阶段，注重服装款型、色彩，整体风格轻松活泼，喜好自定；时尚年轻的上班族，热情，充满活力，喜欢自然和不拘一格的生活方式，善于在各个角落寻找新鲜的变化，注重时尚气息。但虽说有一定的购物经验，掌握市场的流行趋势，对服装流行有着敏捷的感悟力，注重塑造整体风格和鲜明个性，但有时要受到工作环境和出入场合的制约。（图 9–6）

图 9-6

9.2.2 产品风格定位

产品风格没有固定统一的模式，在设计元素的运用、材料的工艺流程的艺术性和科学性中逐渐形成产品自身的风格，反映着成衣设计的定位及流行风尚，它代表了服装企业的整体特色。企业一旦能够树立良好的产品风格并能得到消费群的认可，那么对于企业的发展前景意义重大。

产品风格大致有以下几种：

1）经典风格

经典风格流行于传统"上班族"的装束，有固定的样式及搭配方式，通常此类服装都具有庄重、典雅、严肃、拘谨等格式。在设计时如不能注重现代风格和流行元素的运用，就会显得缺少闪光点。见图 9–7。设计时应注重每一时代服装风格的价值体现，加以深化并将现代风格和流行元素进行重新定位。

2）都市风格

都市风格是体现大都市生活方式的着装风格，随着社会观念的发展，都市风格除具有庄重、矜持的风格外，现代都市人又渗透了一种个性的表现。如有廓形合体、外观挺括的严谨风格；有经典雅致、讲究品质的经典风格；有体现帅气、智慧的时尚风格。力争稳中求变，凸显潇洒、干练、简约的都市气度，与现代生活节奏合拍。整体造型简洁得体，风格或端庄、或俏皮，在成衣销售上有绝对的优势。（图 9–8）

图 9-7

图 9-8

3）前卫风格

前卫风格服装的外观感觉、审美趋向及整体印象都对传统风格的概念和规范有着绝对的挑战，是一种极富创造力，追求时尚另类，拥有新潮设计元素，具有新奇、大胆、随意无章的服装风貌。它游走在奇异的创意里，摒弃教条的禁念，呈现怪诞和异俗追新的特点。前卫风格的着装者，需具备敏锐的时尚洞察力，走在流行的前端，充满自信地向人们展示独具个性的着装风格。如波普艺术，习惯塑造丑陋、愚蠢而又做作的形象，产生令人难忘的情趣和幽默；朋克风格，出现在伦敦街头具有颓废倾向的个性着装，除将衣服打理得七零八落外，还将两鬓头发剔除，造成一种荒诞的感觉；嬉皮风格，源于街头时尚文化，为倾慕自由与浪漫的青年所喜爱，他们蓄长发、插鲜花、着长衫、高歌热舞，选择流浪或群居。从某种意义上说，前卫风格的成衣比任何一种服装风格都具有刺激性和挑战性。但在成衣设计上有一定的难度，必须带给消费者

强烈的视觉冲击力,体现鲜明的个性特征,才能拓展开前卫风格服装的销售空间。(图 9-9)

图 9-9

4）民族风格

民族风格是一种追求民俗文化艺术和自然情调,具有很强的泥土气息和民俗味的服装风格。其他民族与本民族之间都有着各自不同的文化背景和具有代表性的民族特征,综合运用民族的服装款型、宗教观念、审美情趣、文化艺术、民俗习惯等设计元素,更深层次的强调民族的文化内涵和深厚底蕴。

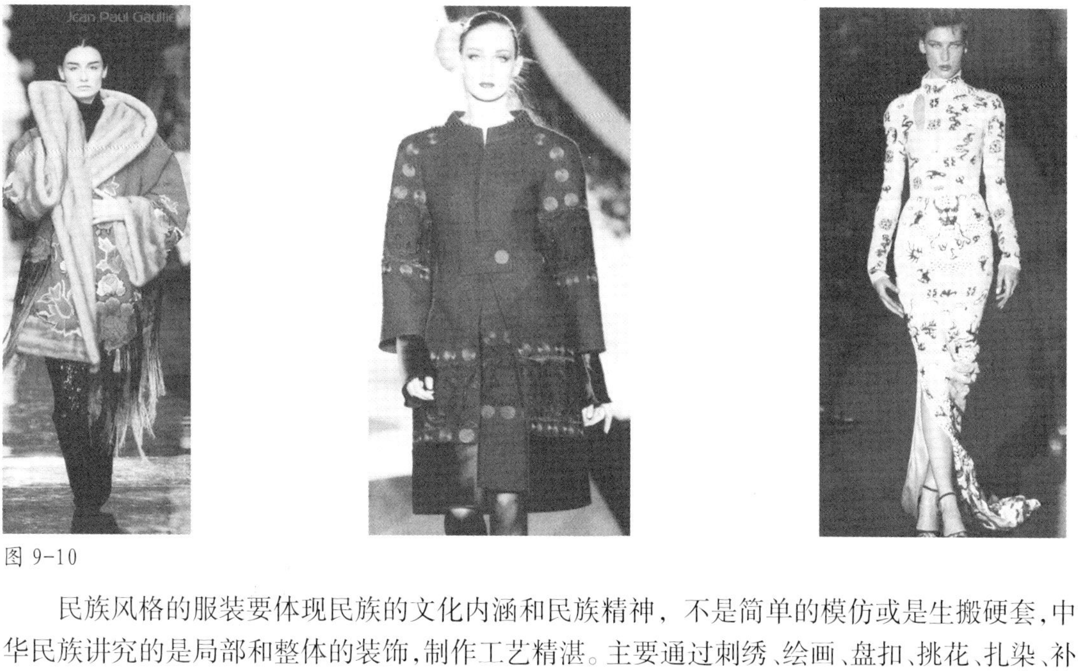

图 9-10

民族风格的服装要体现民族的文化内涵和民族精神，不是简单的模仿或是生搬硬套,中华民族讲究的是局部和整体的装饰,制作工艺精湛。主要通过刺绣、绘画、盘扣、挑花、扎染、补花等装饰工艺手段来体现民族风格。将民族的经典纹样不经意的散落在衣服的各个部位,以延续的思维渲染民族高贵的气质。在设计过程中,将现代意识导入民族服装设计中,在推广出新形式的同时应保持原有的精髓,为其注入新的活力。(图 9-10)

5) 休闲风格

休闲风格是切合现代社会的人们厌倦高度紧张、节奏过快的都市生活,渴望轻松自然心态而产生的着装风格。它的风格主要是表达一种轻松、随意、自然的氛围,在整体设计上多采用缉明线、横纵分割等方式塑造款型。企业在制定设计目标时可将休闲风格细分为两类:一类是运动休闲,整体感觉不拘谨、不刻板,追求服装的穿着方便及舒适性;另一类是时尚休闲,更加注重体现个人情趣,且在设计中注入更多的时尚元素。(图 9-11)

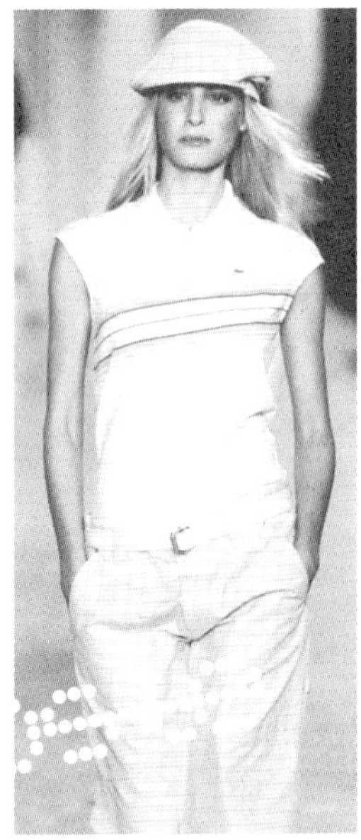

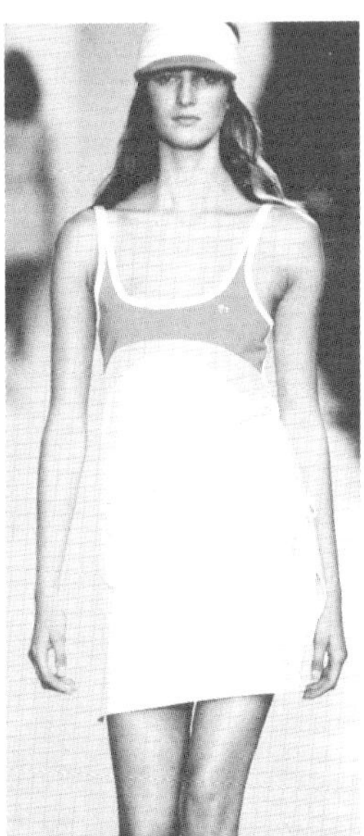

图 9-11

任何一种服装风格都有特定的设计元素群，将设计元素集中体现和运用，产品风格愈加鲜明和直接。服装风格定位确定以后，经营、把握、实现和持续所选风格是企业应该致力解决的实际问题。

9.2.3 产品类别定位

产品类别定位能使企业产品明确主攻方向，与目标风格密切联系，表现直接，突出设计点。虽说需要张扬产品本身的个性，但仍需以市场的喜好为依托。每个企业都有自己的产品组合方式与调整方法，通常将产品分为两种类别：一是市场类别，即企业的主打产品，它将直接为企业创造经济利益；二是形象类别，它是为烘托产品形象应运而生的，是消费者心目中具有权威性的形象。在保持其风格的同时又要赋予其新意，这是目前成衣制作企业需要面对的重要课题。

9.2.4 市场营销定位

从广义上讲，市场营销包括将产品销售给消费者的所有行为，目的是吸引产品的消费对象。它的挑战课题在于吸引新顾客，留住老顾客，以创造较高的销售业绩，扩大商品的市场份额。市场营销的定位对企业发展前景至关重要，企业需根据市场营销定位来决定产品营销渠道和卖场的选择，成衣销售主要通过商场、专卖店、批发市场、服装零售店和新兴的网络销售。但在卖场的选择上要留意与产品形象气度相符合，保证对营销定位准确性起到推波助澜的作用。如商场，它清楚地阐释产品形象，传达给公众的是产品个性和特质，反映了产品的市场地位。它的位置对于培养潜在的顾客群体有着重要意义，可将它作为产品营销的支撑背景；它的形象和环境设计，必须营造舒适的购物环境，传递产品经营理念，主要入口、装修风格、内部布局、空间规划、采用的灯光、音响、气味、触感和温度都必须与产品的风格形象协调一致，相得

益彰，风格不能相悖或档次搭配存在落差。（图 9-12）

图 9-12

9.3 信息的收集和市场预测

当服装的设计定位确定后，设计师就应着手收集与成衣定位相关的资料信息。服装最新的有关资料和信息是服装设计的背景材料，是为服装设计提供的理论依据。对于服装资料和信息的存储与分析整理有一定的科学方法，应分门别类，有条理、有规律地存放，随意堆砌只会造成错乱。

9.3.1 信息的收集和整理

1）信息的收集

服装的信息主要指有关的国际和国内最新的流行导向与趋势。信息的来源是多角度、多方位的，涉及最新的科技成果、纺织材料、艺术流派、流行色等。资料是服装设计参考或依据的材料，资料有文字资料和形象资料两种。文字资料包括美学、哲学、艺术理论，包括中国历代服装史、西洋服装史及杂志中相关文章及影视服装资料。形象资料包括各种专业杂志、画报、照片、录像片等。设计师应洞悉国内外服装流行信息，掌握销售市场的变化以及社会消费的心理需求，顺应潮流，引导潮流，有所创新。

在迈入知识大爆炸的今天，获取流行信息的渠道会愈来愈多、愈来愈快，概括起来大致有以下几个方面：

（1）专业发布会

收集专业展会发布的流行趋势信息，如国际流行色协会每年每季前发布的流行色卡，了解各国投产的流行面料情况，收集巴黎、伦敦、米兰、纽约、东京每年两次的时装展，以及高级时装表演会和面料博览会发布的时装最新信息。这类发布会具有权威性,集中展示了流行产品,诠释了他们对流行概念的认识。这些权威流行信息具有非常的参考价值,在采用时具有超前意识。

(2) 专业出版物

专业出版机构出版的报刊可以为设计师提供有关服装潮流的时代背景、社会经济、文化科技、文艺思潮动态等方面的信息,其阅读方便,信息丰富。如 VOGUE、ELLE、BAZAAR 是公认的权威性专门报道时装业某个领域的杂志,服装设计师可在其中找到与自己的市场相关的信息。时尚杂志,有许多种版本,具有较高的权威性;由中国服装设计研究院出版的《中国服装流行趋势预测发布》对于服装设计人员具有极高的参考价值。

(3) 媒体

媒体是信息广泛传播的媒介,对社会公众关注的事件反应迅速而且敏锐,可从具有影响力的公众人物和有关国际事件中得到信息。如戈蒂埃为电影《第五元素》设计的光感极强的服装,前卫怪诞、超时空的想象,具有极强的震撼力。

(4) 网络

计算机网络日益发达,成为人们获取信息最快捷的渠道,可以访问各国流行网站,吸取大量的信息。如国际时装集团网站:www.fgi.org,向时装界从业人员发布时装界的大事和商业信息。网站中有一个"学习中心",为学生提供有关时装院校实习及工作信息。

2) 信息的整理

收集的流行方面的信息资料,需要设计师进行领悟和提炼,全方位地分析、归纳、筛选和储存、整理,利用想象空间,并已对流行信息有了深刻理解,把握时代脉搏,用服装的语汇和符号诠释出来。就像设计师卡尔·拉格菲尔德所说:"我想要随时得到各种信息,知道所有的事情,看见所有的东西,读到所有的资料,把这些综合在一起,然后忘记它们,用自己的方式来设计。"

9.3.2 市场预测

准确的市场预测有助于企业制定合理的计划,成功地在下一个销售季节前制作出合乎消费者需求的服装。市场预测通常包括下列活动:

1) 研究市场

(1) 社会政治因素

凡是重大的政治改革,服装形式亦随之产生最重大的变化。辛亥革命后,"中山装"盛行,长袍马褂则退出历史舞台。

(2) 经济因素

随着经济水平的提高,人们对服装材质造型会提出更高的要求。

(3) 科技因素

科学技术的发展,新颖、科技含量高的面料,工艺的改进,为服装企业开拓广阔的创新途径。

(4) 生活环境

生活环境随着物质生活和精神生活的提高而变化,人们对衣着更加关注,需设计出与时代生活环境协调的服饰。

2）研究顾客的生活方式

顾客生活方式的趋势直接影响市场预测的方向。如旅游风行，抗皱、易携带特性的服装占主导；追求舒适，居家或出外，人们想要舒适的服装，运动时则需休闲服饰；电脑的普及，人们更是习惯在网上购物。

9.4 设计构思

设计构思是创作过程中的思想意图，运用形象思维对服装进行整体造型全方位的思考和酝酿，并依据素材的积累及平时的生活点滴，结合设计主题、市场研究、工艺技术进行制作的过程，是建立在设计定位、信息资料及市场预测的基础上的。成衣设计的设计构思与创意时装的设计构思不同，是从多方位、多角度出发考虑的。

1）从廓形出发

服装廓形是指服装的形状或轮廓线，是反映服饰风格的主要视觉要素之一。成衣设计可根据流行变化进行创造，如夏奈尔以矩形轮廓创造少女风格，迪奥的 X 形样式代表了其设计的新风貌。（图 9–13）

图 9-13

2）从色彩出发

色彩是服装的第一外观要素，给设计带来很大的空间，但同时对设计者也是个极大的挑战。色彩在很大程度上决定了着装效果的好坏，构思时受生活习惯、流行风潮、社会文化的影响。（图 9–14）

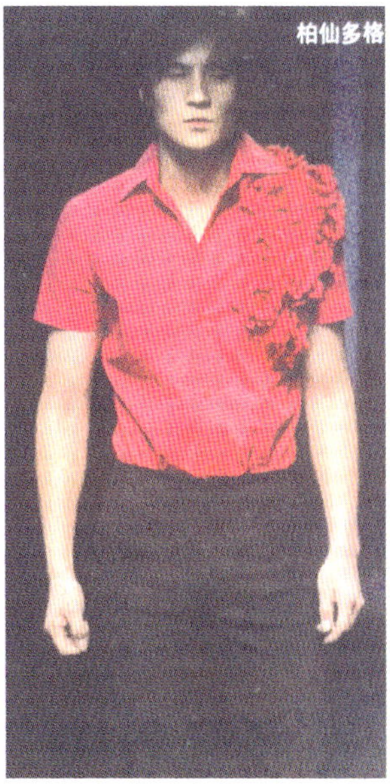

图 9-14

3）从面料出发

面料的质地是面料表面的质感和织物组织的风格。成衣设计构思中，除考虑面料的手感、性能、视觉感受方面外，还要考虑服装所有用料的质地和性能，加以正确选择，保持面料风格与款式风格的一致性。（图 9-15）

图 9-15

4）从工艺出发

工艺是服装的内结构，工艺技术的合理性、科学性，关系到服装制作质量的优劣，直接影响成衣在市场上的销售份额。借助工艺塑造服装的整体造型，体现成衣的外观形态和内在品质。（图 9-16）

图 9-16

5）从功能出发

设计构思有时需要围绕服装的使用功能展开进行，围绕人的需求来设计，一件衣服因某种因素，其功能可以是单一的，也可以是多种的，根据需要进行构思。

成衣设计构思的方法：

（1）整体→局部

确立一个整体的成衣形象，根据成衣风格及定位的要求逐步具体化、局部形象化。如产品为中式风格，先确定、勾画好中式服装的特有轮廓及内部结构，结合定位要求，注入时尚元素，在造型、色彩及图案上精心搭配，直至具体到服装的袖口装饰、领部造型、纽扣造型排列等。

（2）局部→整体

与整体到局部的构思方法正好相反，它是在没有整体形象时，对某种时尚元素较为敏感，且能通过服饰语言表达出来，再根据设计要求，组合其他风格相近的要素，逐步形成整体的成衣造型。如中国传统的剪纸工艺，受其启发，在服装的局部进行镂空处理，形成特色图形，并结合相关面料及装饰工艺，组合成整体的服装形象。

成衣设计构思仍应以市场为依托，结合市场情况成功的设计构思应考虑以下因素：

（1）新颖

设计构思结合新颖的款式、面料、工艺、色彩等进行创造，使成衣保持市场诱惑力。

（2）快速

成衣市场竞争激烈，因此要确定目标，看准契机，快速构思，设计打样，加紧生产，快速占领市场。

(3) 价廉

设计构思过程中，要考虑价廉物美吸引消费者，同时还要考虑缩减企业的制作成本。

(4) 诚信

成衣应以树立企业形象、维护品牌质量为宗旨展开设计构思，保持良好的企业信誉，拓宽企业的发展前景。

(5) 质优

质量是企业生存的基本支撑，构思中应考虑到制作精良、工艺精湛，以质赢得消费者的青睐，以品保证成衣的销售业绩。

9.5 样品的试制与展示

9.5.1 样品的试制

样品试制即实样制作，根据服装设计效果图所表现的服装造型特征及其着装效果，选择适当的面料和辅料，通过剪裁和工艺制作来实施设计方案，使之具体化和实物化。通常是根据已确定款式的中间号型尺寸，选择适宜款式特点的剪裁结构设计方法进行结构图设计，然后做成纸样，进行样衣制作。

样衣是提供给客户的样品，可直观的看到服装的艺术构思、工艺水平、着装效果及在市场上可能占有的销售空间。因此样衣的试制对企业的生存至关重要。

样衣试制的具体过程如下：

1) 纸样

分析服装的造型及各个部位的轮廓线、结构线、零部件的形态和位置，绘制出衣片及零部件和辅料的纸样，加放缝份贴边，详细填写图样说明，注明各部件的丝绺方向，对准记号，检查是否有遗漏。

纸样制作有两种方法：一种是立体裁剪的方法，一种是平面绘制结构纸样的方法，可根据服装款式进行选择。纸样的板型至关重要，严格的板型有利于型的塑造，也有利于批量生产和推档的正确性。

2) 初样

将白坯棉布按纸样剪裁后缝制的衣服称为初样，质地与正品面料相仿。初样制作后，检验成衣造型与设计风格是否相同。对较难的部位如领子、袖子，为保证最佳效果，可先用试样布进行立体别样，观察其效果，并将出现的问题逐一记录，进行修改。

3) 制作样衣

制作样衣前要慎重考虑缝制形式、缝迹、缝型、熨烫形式。规格尺寸的制定，要考虑市场的实际情况，满足消费者的需求。采用简单合理，保证质量的工艺手段，考虑样衣的成本核算。重视工艺技术的配合，充分发挥缝制的精湛技艺，严格按照设计要求缝制出理想的服装，展示设计特点。

9.5.2 展示

样衣制作后需批量生产，并根据需要拍摄画册、举办静态或动态的展示，向市场发布，接受客户的订货，见图 9-17~图 9-20。

图 9-17

图 9-18

图 9-19

图 9-20

思考与练习

1. 分析成衣设计与创意时装设计的不同之处，学会如何进行成衣设计的定位。

2. 围绕某一类型产品进行市场调查，搜集相关流行信息资料，写出合理准确的整理报告。

3. 根据整理的资料，按照成衣设计的全过程，设计一个系列的秋冬服装，注重时尚元素的运用，符合市场销售的需求。

10 成衣的分类设计

学习目标

1. 掌握职业装的分类及各大类服装的设计要求，加强功能性设计思维的培养；
2. 掌握礼服的分类，明确依场合设计服装的基本要求，加强创新设计思维的培养；
3. 掌握休闲与牛仔服的设计要点，加强打破传统思维模式，拓展设计手法的思维方式；
4. 掌握分类内衣及家居服的不同作用，加强设计理念中时间、场合、功能训练；
5. 掌握不同时期儿童的成长规律及设计要求，加强设计思维中对人的成长认识；
6. 了解针织服装的分类、材料特点及设计要求，加强服装设计过程中对材料的学习、认识与把握。

成衣根据各自不同的用途，分为很多品种，每一品种里又有着不同的设计定位，设计师进行设计之前应对其设计对象的年龄、产品销售地的季节气候、材料质地等诸方面进行分析。因此，为便于交流和产品的深入开发，有必要对成衣进行系统的分类，以便更好地掌握各类服装的设计特点，设计出既符合市场需求又独特创新的服装。

下面分别介绍职业装、礼服、休闲与牛仔装、内衣与居家服、童装、针织服装六大主要类别的设计要领。

10.1 职业装设计

职业装是各种职业的工作服的总称，根据职业装的特点、着装功能及市场经营状况，可将职业装分为职业时装、职业制服、职业工装三大类。其中职业工装又包括劳动服和运动服两大类。

10.1.1 职业时装

1）职业时装的概念

职业时装是指从事办公室或其他白领行业工作时穿用的个人消费类衣装，它没有严格的规制，也没有固定的团体机构，同时允许穿着者有适度的个人喜好和时尚表露。

2）职业时装的设计原则

20 世纪初，当女性由家庭妇女变为职业女性，加入以男性为主导的行列中时，她们舍弃了女性的柔美，穿上与男性相同的服装，从事以往男性从事的职业，以此表示同男性一样能承担责任，后以西服套装为基础而发展出各种风格的职业时装(图 10-1)。

现在随着服装界运动、休闲意识的影响，伴随着面料、工艺技术及造型、局部细节的改变，西装也从"正式"趋于休闲。款式自然、轻便、柔软，充满人性化、悬垂性能好、采用于柔于刚的廓形设计风格是现在职业时装的主要设计趋势(图 10-2)。

图 10-1

图 10-2

图 10-3

图 10-4

虽然职业时装在款型、色彩、面料上没有明确的限定，但在遵循服装设计一般规律和法则的基础上也要受到行业工种、工作环境的制约，塑造穿用者"得体"的行业特征，即符合相应行业的社会审美标准。如造型奇异、色彩对比强烈的衣服不适宜于办公室着装，因为这种款式的服装易造成很强的视觉刺激，会破坏办公室宁静而严肃的气氛，干扰工作；过分袒露和透视的衣服也不适于这种场合，因为这种装扮容易给人轻浮的感觉，会引起来访者对其工作态度和工作能力的怀疑，影响所在集团的形象(图 10-3)。又如演艺圈内的工作成员，由于工作环境的气氛非常活跃，她们穿着的职业时装风格较为随意，受流行影响大，表现个性的东西也多(图 10-4)。

总之，一般从事办公室工作或其他白领行业工作的职业女性常以合体的套装、中性色彩、时尚的面料及局部细节的变化为其经典形象。设计力求简约合体，过于夸张和时髦的款式、过于繁琐的工艺装饰、过于宽肥和紧身的造型、过于稚气和鲜艳的色彩都不适用于其设计，且职业时装在消费者越来越追求生活高品质的穿着个性化的推动下开始趋于高级成衣的范围(图 10-5)。

图 10-5

图 10-6

3）职业时装点评(图 10-6、图 10-7)

图 10-7　图中职业时装在款型、色彩及材料的运用上，反映出特定时期时尚的样式和成衣时装已经成熟的标志。简约而又不失人性化的设计、练达而又不失优雅的风格流露，正是今天职业时装的写照。

10.1.2　职业制服

1）职业制服的概念

职业制服是指按照一定的制度和规定设计、制作和穿用，以识别职业特点、创造企业形象为目的，或以强化行业责任感以加强整齐化一的企业意识为要求。前者，如宾馆的工作服，工厂、企业工作服，科技、卫生行业工作服等；后者如军服、学生服、交通民警服、民航服等。职业制服多由主管部门统一定制发放，设计上一般不考虑年龄因素。

2）职业制服的设计原则

(1) 把握象征性

职业制服是按照一定的规制设计的团体性服装，要求形成强烈而鲜明的集团形象，以区

图 10-8

别于社会上其他集团,从而形成该集团在社会上的形态性象征物。如军人穿上军服后,除了给人庄严之感外,还代表国家行使赋予他的权利(图 10–8)。

(2) 传达标志性与秩序性

职业制服除了表达职业形象外,还能表现成员的身份与地位。如在一个大饭店里可以从制服的式样、用料等看出服用者的身份,分辨门卫、行李员、客房服务员、餐厅服务员、大堂经理等(图 10–9)。在美国军官中,军衔最高的是上将,最低的是准尉。上将的肩章为四颗星,中将、少将、准将依次递减一颗星;上将的肩章是一只鹰,中校、少校的肩章则分别是银色、金色的枫叶;上尉、中尉的肩章分别是两条和一条银色杠,少尉是金色杠,准尉是红底银杠。这些鲜明的职位标识明确了集团内部各构成环节和责任感,从而促成有组织、有效率的工作状态,提高了整个集团的运转效率。

图 10–9

(3) 与职业活动协调的机能性

服装除具备防寒、保暖等生活装必须具备的机能外,还要适应职业活动和工作环境的需要。如水兵制服中的无檐帽,主要是避免在速行时帽檐兜风,避免在使用观察仪时帽檐碰坏精密的仪器和设备。由于水兵在舰船上活动地方狭窄,一般上衣是套头式、紧领口,而且穿着时必须扎在裤腰里,以避免上衣活动时被牵挂;衣领采用无领式设计,以避免衣领刺激咽喉部位,导致水兵在海洋颠簸中呕吐。水兵的裤子采用侧开口,是为了利于水兵爬桅杆;裤口采用宽口式,便于通风透气,冲洗甲板时便于挽起,下海救生时脱退迅速。水兵帽上的飘带在早期主要是为了测试风向,今虽已有现代气象设备,但仍沿袭使用。(图 10–10)

图 10–10

(4) 经济实用性

经济实用是职业制服的基本要求,价廉物美是大部分职业制服的特点,因此在同等美感、同等功能的前提下,职业制服设计要尽可能降低成本,从款式材料制作的难易、服装的结构等细处着眼,精打细算,这不仅在于为定制方着想,也是职业制服生产企业本身的必然要求。

3) 职业制服的设计过程(以宾馆为例)

(1) 调研与考察

了解、掌握集团的创业宗旨和识别系统的确立原则,必须在总体原则精神制约中确定职业制服的总体印象和风格特征。

事先确定考察内容、程序、对象、目的等,再实地考察现行职业制服的使用情况,以及职业环境、职业特征、职责范围和可能的职业伤害等,收集现场的详细资料。

了解企业的CI系统服务宗旨，运用CI视觉识别系统的基本要素如企业的名称、品牌标志、标准色、标准字体、徽标图案等形象符号于职业制服中，并使制服成为CI系统的组成部分。考察各工种的服务工作环境职责等。

（2）确定设计主题和风格

在了解宾馆的每个服务环节的工作内容及工作特点的基础上，在集团总体风格制约下，确定设计主题和设计风格，设计出职业制服的基本样式，主要是服装的造型特点（是毛料、混纺面料还是化纤面料）以及装饰手段（帽子、装饰品、标志装饰等）的整体搭配。

（3）系列设计

根据基本款式的风格特征，依据前期考察中收集的各职业的工作环境、工作特征、特需服饰的要求信息进行工种划分及归类，一般划分顺序是从外部环境到内部环境，再从内部环境到外部环境，如酒店门卫、门童、行李员、前厅服务员、客房服务员、商场服务员、西餐厅服务员、咖啡厅服务员、酒吧服务员、娱乐中心服务员、宾馆总经理、财务人员、保卫内勤、洗衣工、厨师、维修工、花工木工、司机等。在以上众多的工种中将其中工作性质和着装环境相近的工种归类，如宾馆门面上的工种——门卫、门童和行李员；直接接触客人的工种——前厅服务员、客房服务员、商场服务员、娱乐中心服务员；餐饮服务的工种——餐厅服务员、西餐厅服务员、咖啡厅服务员、酒吧服务员；不直接接触客人的工种——保卫内勤、外勤、维修工、花工木工等。工种归类的目的是使服装设计尽量避免杂乱，把握整体风格。工种划分与归类后对不同的工种从款式、色彩、材料、标志上进行区别设计。

款式上，如门童的制服，由于其工作带有一定的礼宾性质，因此除了要求色彩醒目，与酒店的色调有一定的对比和呼应外，还有很多装饰——丝带、腰带、肩章、帽子等，以增加门童制服的标识性和醒目程度；款式主要源于欧洲的士兵礼服，显得威严、华丽，既体现对客人的尊敬，又体现酒店的风貌；行李员制服的装饰比门童要少，以较多的扣子作为装饰，上衣较短，帽子的高度也低于门童，功能性高于门童服，其风格来源于欧洲士兵的服装。

色彩上，门童的传统色彩是红、白、藏蓝、墨绿等，醒目而具有标识性；前台多为藏蓝、深灰、黑等暗色调，以示庄重。许多酒店内部的色调、灯光柔和，其制服的色彩就不宜过于鲜艳，不同程度地含些灰度会令服装庄重、典雅，容易与周围气氛融洽。如餐厅引位员的工作具有迎宾性质，其制服虽具礼仪性，但其色彩与服饰却不能过于华丽，以免盖过客人。

材料应具备耐洗涤、不褪色、不易起毛（起球）、正常穿用不变形、不易破损等功能。

① 集体讨论

基本款式、风格、材料、色彩等方案初步完善后，同相关部门讨论、修改，以期望得出最佳设计效果。

② 试制样衣

经有关集团、部门认可以后，进行样衣制作，样衣制作完成后，要对其测试相关性能，现场试穿评价；然后核算成本，将有关制衣参数提供给生产单位。

4）职业制服点评分析

（1）部队军服（图10-11）；

（2）医院 护士服（图10-12）；

（3）航空制服（图10-13）；

图 10-11

图 10-12

图 10-13

图 10-14

图 10-15

(4) 餐厅　日式餐厅、西餐厅、酒吧服装(图 10-14);

(5) 学生服　校服(图 10-15)。

10.1.3　职业工装

职业工装是职业用装中最注重功能性和保护性的服装,它包括劳动服和运动服两大类。

1) 劳动服

(1) 劳动服的概念

劳动服也称工作服,是人们在工作和生产劳动时穿用的保护性服装。劳动服是功能性很强的服装,具有明显的事业标识性和广泛的群体性,设计者需要深入生活,熟悉生产环境与操作特点,在此基础上发挥想象力。通过职业用装的设计,可以使劳动者穿着安全、舒适的衣服从事工作,起到保护身体、振奋精神、减轻疲劳、促进生产的作用。

(2) 劳动服的设计原则

① 深入生活,加强功能性与舒适性设计

劳动服的功能性研究主要从三个方面进行,即款型、面料、色彩。其中面料的功能性研究主要包括防寒、防暑、防油、防静电、防尘、防酸等方面。

劳动服既要符合功能要求,又要使人们穿着舒适,因此面料要求柔软、透气性好。款型的功能性开发主要包括可穿性及造型结构的科学合理性。

② 统一在整体的行业象征与标识性要求下

劳动服的标志多采用工厂厂标,它对树立企业的整体形象起重要作用。

(1) 各类常见劳动服的设计要求

① 矿工服(图 10-16)

工作环境:矿工服是指采矿工人穿用的服装,其中包括露天采矿服和地下采矿服。煤矿工人是在地下工作的,工作环境较差,空气流通不好,潮湿,灰尘多,而且容易受到瓦斯爆炸、塌

图 10-16

图 10-17

方和自然火灾的威胁。

设计要求：宜选择透气性能好、防潮湿、防灰尘的面料，禁止用带静电的面料，面料的质地要坚固、耐磨、耐洗涤。

矿工服设计除了要考虑上衣和裤子外，还要求配有安全帽、防水鞋和手套等物品，矿工安全帽前部的灯，是协助工作的照明工具。

由于工作环境中灰尘比较多，采用连体式比较合适。另外袖口、领口、裤口要收紧，腰部要有腰带，用来佩戴蓄电池。服装的宽松度要合适。

由于工作场所容易发生危险，为了及时救援，服装色彩应明亮醒目。国外多采用白色。

② 建筑工人服（图 10–17）

工作环境：多以高空作业为主，经常受到紫外线的伤害和面临高空作业摔伤的危险，劳动强度大。

设计要求：面料的选择首先要防紫外线，同时还应具有透气性能好、耐磨、容易洗涤等特点。

建筑服的结构必须采用“三紧式”，以免钩、挂等危险发生。建筑服的色彩在选择上首先要具有防紫外线功能，建筑工人佩戴的安全帽颜色要鲜艳。

③ 机械服（图 10–18）

工作环境：机械工的工种很多，有机械修理工、焊接工、翻砂工、安装工、车工等。不同工种的工作环境及劳动状态是不同的。例如机械修理工活动性大；翻砂工的工作环境中灰尘比较多；焊接工的工作环境有明火，经常蹲着进行工作；车工的工作环境中油污比较多等等。

机械服的面料要求根据不同的工种来选择。机械修理服的面料要求能防油污、耐磨损，焊接工穿的服装应选用阻燃、防熔性好的材料，翻砂工穿的服装面料首先考虑防灰尘。

机械服除具备上衣和裤子外还要配有帽子和手套，特殊工种还要佩戴面罩等防护物品。机械服要采用“三紧式”，车工可采取上下体分离式，上衣的长度不宜过短；机械修理工和翻砂工可采取连体式；焊接工因经常蹲着，所以裤子的裆部和膝盖加放松度，衣服的领子要封闭，还需戴面罩和手套。

图 10–18

图 10–19

④ 纺织服(图 10–19)

工作环境:纺织工在工作时以站为主,工作场所噪音很大,从事这类工作的多是女性。

设计要求:传统的款型多以围裙为主,佩戴套袖、帽子和口罩。戴帽子的目的是防止头发绞、辗到机械里面而发生意外;戴口罩是防纤维对人体肺部的侵犯。

由轻工业的特点所决定,且从事此类工作的多是女性,所以设计时色彩的选用多以浅亮色为主。

⑤ 食品加工服(图 10–20)

工作环境:食品加工类对环境的洁净要求非常严格。

设计要求:要求采用防尘功能强的面料,不仅要求面料本身不产生尘埃,而且还需要具有防止尘埃散发的过滤性能。

图 10-20

款式开发方面食品加工服要求封闭式,通常采用连体裤和罩式工作服两种基本形式,领口、袖口、裤口要收紧,必须佩戴帽子,以免头发沾染食品。

2)运动服

(1)专业运动服的概念

专业运动服是指从事一般户外体育运动和专业的体育运动、竞赛及训练时穿用的服装。

(2)专业运动服的设计原则

专业运动服的设计,一定要适合相应的运动项目规律,使运动员达到最佳竞技状态。一般在设计中遵循以下原则:

① 特定运动和特定环境适应性

特定运动的适应性包括两方面:一方面,要保证服装不会阻碍人体特定运动的进行;另一方面,是对人体局部的自然形态做一定的矫正,以利于运动。

各种运动都是在特定的环境下进行的,因而服装要具备对特定环境的适应性。色彩的适应性就穿着者自身而言,不能称为环境条件,而对参加运动的其他人来说,则构成了环境因素。

② 防护性

为了保护运动员在体育运动中免受伤害，在服装的相应部位增加功能结构设计，并保护一定的强度，就可减缓或避免伤害。

③ 审美性

专业运动服装在体育运动、体育竞赛中传达着特殊的美感，它把健与美完美地交融在一起，让观众从不同的侧面得到心理满足。如花样滑冰运动，除要求运动员有很好的技术水平外，艺术性也不可小看，而服装美起着至关重要的作用(图 10-21)。

图 10-21

(3) 专业运动服点评分析

① 充气运动鞋(图 10-22)

充气运动鞋，使用充气夹层底，穿上此鞋，脚下有气体滚动，能避免脚底受伤，可减轻脚底负担与疲劳。

图 10-22

图 10-23

② 自行车运动服(图 10-23)

③ 滑雪服(图 10-24)

在专业运动服设计中正确地运用色彩,可以保护运动员的身心健康。滑雪运动员经常长时间在雪原上单一的色彩刺激下进行训练,视神经对其他色彩失去敏感知觉,导致运动员患上"雪盲"症。为了防止这种病的发生,设计师经常选用非常鲜艳的色彩。

④ 游泳服(图 10-25)

图 10-24

图 10-25

10.2 礼服设计

礼服指在特定场合中表示礼节性和举行某种仪式时穿的服装。礼仪用装讲究礼貌、得体,穿着者要求既能体现自己的身份,又能表现出体态美与场景的适应性。礼仪用装不仅可以美化自我形象,而且可以促进个体间的交流。

礼服根据礼仪规格高低可分为婚礼礼服、礼宴服(晚宴服)、一般性社交礼服、演出服。

10.2.1 一般性社交礼服

1) 一般性社交礼服的概念

一般性社交礼服是人与人之间进行交往活动时的装束, 主要用于人们之间相互交流、聚会就餐、访问等场合穿着。

2) 一般性社交礼服的设计原则

一般性社交礼服因礼仪规格不高,所以应与前两种有所区别,不必过于华丽。设计上从款式、选材都比较广泛和富于变化,风格上有着优雅、庄重的特点,服饰整体带有强烈的平易和亲切感。

3）一般性社交礼服赏析（图 10-26~图 10-28）

图 10-26

图 10-27

图 10-28

10.2.2 礼宴服（晚宴服）

1）礼宴服的概念

礼宴服是指出席某些特定的礼仪场合及晚宴所穿着的礼仪性服装。

2）礼宴服的设计要求

礼宴服中男性的主要服装样式是燕尾服或黑色套装，穿着效果稳重，有着典型的欧洲绅士风采。随着社会的发展，男子礼宴服越来越简化了。燕尾服现很少穿用，被合体的黑色或深色西装所代替。但男子礼宴服的庄重气氛和形式依然最能体现传统礼服的特色。女子礼宴服讲究品位，追求高贵、端庄和身份感。款式多为收腰线的连体长裙，其设计特点主要在肩部、背部和腰部等，如前低胸、后露背、裸露肩和臂等，裸露的程度视不同的着装环境而定，着装环境越是高级、温馨且具有安全感，人们对美的需求也就越强烈。在礼服的装饰上极为考究，运用高档材料，如各种珠宝、云母片、金属片等组成各种花纹图案，点缀在胸部、颈部等（图 10-29，图 10-30）。

图 10-29

图 10-30

现代晚礼服与传统的晚礼服相比，在造型上显得更加舒适实用和美观。如一些中长型和短型的裙装，宽松的长裤套装和裙裤套装等也进入晚礼服行列，进一步丰富了晚礼服的艺术内涵(图 10-31，图 10-32)。

图 10-31

图 10-32

在晚礼服的设计上，讲究造型、强调个性、追求新奇成为设计的重要特征和趋向。造型结构上更多地运用了对比手法，或以款式的结构形成对比，或以色彩的配置形成对比，或以面料的搭配形成对比。这种对比使得构成要素之间的个性特征更加突出，在着装效果上产生一种强烈而醒目的感觉，从而满足了人们对晚礼服特有的审美需求。

3）晚礼服与礼宴服赏析(图 10-33~图 10-35)

图 10-33

图 10-34

图 10-35

10.2.3 婚礼服

1）婚礼服的概念

婚礼服是指在举行婚礼仪式时，新娘、新郎及其他婚礼参加者如司仪、伴郎、伴娘、嘉宾等所穿着的礼仪服装。

在西方，人们视婚礼为圣洁的，且又有以白色代表纯洁的习惯，所以历史上形成了女子婚礼服以白色裙装为主，在造型上多采用连衣裙形式。

2）婚礼服的设计原则

设计多以“X”型和“A”型为主体造型，其款式结构多以复叠式（裙子外部盖住内部，构成一种有序的层次感，使之显得雍容、华贵）和透叠式（以透明或半透明的面料层层叠压而透出一种新的形态，使之产生朦胧虚幻之感，增加其神秘的情调）为主；色彩以白色和各种淡雅的色彩（如浅红、浅粉、浅紫、浅蓝、浅黄等）为主，面纱以白色为主。男子婚礼服则采用较为庄重的黑、白色为基调的燕尾服或黑色套装，以显示稳重、潇洒。上衣为单排或双排扣西装。配西裤、白色衬衣以及与礼服相配色的背心，佩戴领结或领带，腰系一软腰带，可以采用色彩浓郁的酒红色、酱红色、绿色等。装饰还可以集中表现在前胸，主要是上衣胸前的一枝鲜花或一块手帕（图 10-36~图 10-40）。

图 10-36

图 10-37

图 10-38

图 10-39

图 10-40

我国传统的婚礼服主要是以旗袍和中式服装为主，面料多用绸缎，色彩多为红色，象征着喜庆、吉祥，寓意着婚姻生活的幸福和美满（图 10-41，图 10-42）。

图 10-41

图 10-42

3）婚礼服赏析(图 10-43~ 图 10-47)

图 10-43

图 10-44

图 10-45

图 10-46

图 10-47

10.2.4 丧礼服

西方丧礼服多为黑色，如黑色连衣裙，面料采用无光泽的黑色衣料，有黑色面纱及帽子，鞋袜均用黑色。有时在礼服及帽子的某个部位显示一个丧章(图 10-48)。而中国的传统丧服则以白色为主，多用白色麻质面料，与西方传统形成鲜明对比，反映出东西方文化的不同(图 10-49)。

图 10-48

图 10-49

10.3 演出服

1）演出服的概念

舞台表演和影视拍摄过程中演员穿着的服装，也就是为表演而专用的服装称为表演用服。它的设计内容一般包括演出者全身、帽子、围巾、面纱、鞋袜以及手包、手绢、扇子等。

2）演出的设计原则

（1）根据演出形式定总体基调(图 10-50）

图 10-50

舞台演出时,演员与观众之间一般都存在一定的距离,因而需要注意服装外廓形的设计,色彩配置应明快鲜亮,以夸张的手法造成远距离的视觉效果。

影视作品中,人物生活在真实广阔的自然环境中,因而对生活在这种背景中的人的服装也必须追求逼真效果,使之融为一体。又由于拍摄的镜头可以拉得很接近人物,因而对服装设计、制作要求有近景效果,服装制作工艺要求精工细作以达到真实效果。

（2）根据演出内容定总体风格

根据剧情、时代背景、人物性格爱好、生理特征、角色之间的关系以及各角色在剧中情节发展中的位置定总体风格。

歌唱演员的服装是依据演唱内容和演唱风格来设计的,不同形式的演唱内容与风格有着不同形式的服装设计。从演唱风格和内容来讲通常可分为美声唱法、民族唱法和通俗唱法三种。由于演唱风格不同,着装形式也不相同。例如:美声唱法是来自欧洲的演唱方法,其内容也多为一些欧美歌曲和传统的优美歌曲,因此服装设计与演唱形式和内容相一致,款式是与欧式服装相近的拖地长裙或塔式长裙;民族唱法其演唱内容多为各民族的优秀歌曲,服装也自然以民族特色为主要特征；而通俗歌曲的演唱与其他演唱形式相比是最为活跃和最为新潮的,甚至带有一定的前卫性,演唱者也以新人为主,所以服装的造型从款式、色彩到面料的设计都颇具青春气息和时代新潮的特征。

演奏服的设计与演唱服不同，因为演奏者有的以个体形式出现，有时是以团体形式出现，特别是以团体形式出现时，其服装需要形成某一系列或某一组的感觉。演奏服的设计应充分考虑到方便乐器的演奏，不同的乐器的演奏服应该在局部上有所差别。为避免服装凌乱，可在色彩或面料上进行一定的处理。有些演奏形式是以某一种乐器为主而其他乐器予以配合，因此，需要使主要演奏者的服装既有别于其他演奏者，又统一于整体演奏团体之中。（图 10–51，图 10–52）

图 10-51

图 10-52

10.4 休闲服与牛仔服设计

休闲服与牛仔服设计是人们日常生活中，如逛街购物、外出办事、旅行、游乐、海滨避暑时穿用的，具有实用性、流行性、机能性特征的服装。

牛仔服的设计手法不同，且越来越成为服装中的重要品种，我们把它抽出，单独作为一个部分叙述。

10.4.1 休闲服

1）休闲服的类别

因穿着场合不同，休闲服主要分为时尚休闲装、运动休闲装、职业休闲装。

2）休闲服的设计要求

休闲服是用于公众场合穿着的舒适、轻松、随意、时尚、富有个性的服装。此类服装的设计需要严格把握消费者的年龄和产品所要表现的风格。

（1）时尚休闲装（图 10-53,图 10-54）

图 10-53

图 10-54

时尚休闲装是在追求舒适自然的前提下，紧跟时尚潮流的，甚至较前卫的一类休闲服。这类服装属于流行服装类，常是年轻的时髦一族张扬个性、追求时尚的主要着装，拥有广大的消费群，常用于逛街、购物、走亲访友、娱乐休闲等场合的装扮。款型富于机能性又便于组合，以满足消费者多元化需求。色彩要根据流行色的变更，及时反映流行，抓住消费者心理。

（2）运动休闲装（图 10-55,图 10-56）

图 10-55

图 10-56

运动意识是现代人都市休闲风潮中的一种现代意识。在现代生活中，体育锻炼、外出旅游已成为人们放松自己、融入自然、享受自然的愉快的休闲形式。为了适应这类生活方式就出现了将运动与休闲完全相融的休闲装。轻便、实用是这类服装设计中应主要把握的要求。

款型　由于旅游活动多是在户外进行，衣服的款型结构设计必须便于穿着者的肢体活动和长时间穿用时的舒适感，衣服便于穿脱以适应两地气温之差。为了减轻旅行袋重量，款型设计最好一衣多用或便于自由组合，用少件衣服配成多套衣装。另外，衣服结构要便于折叠和存放，以节省行李空间。口袋是旅游服设计的重要细节，以存放更多物品。口袋的位置及深度要注意避免穿着者在行、坐时将袋中物品掉落出来。

色彩　色彩配置以明快、亮丽为主，且要耐脏、耐晒。

面料　选用轻柔而又耐磨，富有弹性而不起皱，易洗快干又便于折叠、存放的面料，适于长途旅行。旅游者活动量大，衣服的配件一定要坚固耐用，缝制上要求双线相缝，避免掉落和开线造成的尴尬局面。

旅游鞋的设计一般采用柔软且弹性好的材料制作。要求款式新、造型美，具有轻便、舒适、透气、耐磨耐穿的功能。

帽的设计以遮阳、挡风、挡尘、护发为目的。

旅行用的行李包，多用尼龙、聚酰胺等材料搭配制作。要求结实而又轻便，款式符合潮流。

（3）职业休闲装（图 10-57）

职业休闲装既有职业装的稳重、优雅、简洁，又有休闲装的轻松随意和个性。这类服装，常用于白领阶层、企业领导人、艺术家等人群的装扮。

款式简洁，线条自然流畅，如随意的外套、针织和编织的套装、休闲西裤、传统的牛仔裤、休闲皮鞋、简洁素雅的短裙、套装等等，色彩多为中间色、粉色和自然色系列，面料以天然为主。

图 10-57

3）休闲服赏析（图 10-58，图 10-59）

图 10-58

图 10-59

10.4.2 牛仔服

1873 年，在美国的西海岸，第一条蓝色牛仔裤问世。这种背带工装裤由耐磨的“DENIM”制成，并在许多关键部位镶上了铜制的铆钉，非常适合西部的淘金拓荒者穿用，它就是后来的“LEVIS”(李维斯）品牌（图 10-60)。直到 20 世纪 20 年代，“LEVIS”品牌工装裤还是西部工人的主要工作服装。随着 30 年代西部牛仔电影在美国的风行，“LEVIS”已经成为独立、勇猛、强壮的象征，“牛仔服”这时才真正出现。

二次大战后，整个世界生活环境改变，年轻人更多地追求自由、休闲观念，这种本源于耐磨的实用工装开始跨入时尚范畴，牛仔服也因方便实用、风格随意，在流行中不断发展变化，演化出多种分支风格，成为男女老少皆喜爱的服装。

图 10-60

牛仔布、缉双明线、金属扣及洗涤工艺等元素构成了牛仔装独特的风格。20 世纪 70 年代美国“苹果”牌(Kenwood)开发“石磨蓝”牛仔裤，使原来粗硬的裤子变得柔软舒适，同时又有斑斑白点接近自然效果(图 10-61)，在此基础上又发展“雪磨蓝”牛仔裤(图 10-62)。现在，牛仔服一般要经过不同的洗涤处理，如物理性的石磨、强气流洗涤、砂洗或化学性阳酶洗、高锰酸钾洗等。不同的洗涤处理形成不同的风格、纹理、图案和外观感觉，这是牛仔服变化无穷的因素之一(图 10-63,图 10-64)。

局部磨损是时尚牛仔服的特点之一，其工艺有手工砂磨、气流砂磨、须毛效果等。牛仔服设计还常常使用破坏的艺术，很多破坏的手法正在被采用；用剃刀或其他工具剪切、撕捏；进

图 10-61

图 10-62

图 10-63

图 10-64

行砂洗以破坏靛蓝色，从而形成质朴、粗犷的外观及一种材料多变化的效果，通过各种特殊的加工工艺使牛仔服形成破旧感觉，这些效果给牛仔服一种品质良好而又陈旧的视觉效果，伴随而来的是一种独特的艺术氛围（图 10-65，图 10-66）。

图 10-65

图 10-66

刺绣和珠绣在牛仔服上应用，使服装混合了朴素和华丽两种气质，在视觉上有着丰富的效果（图 10-67，图 10-68）。

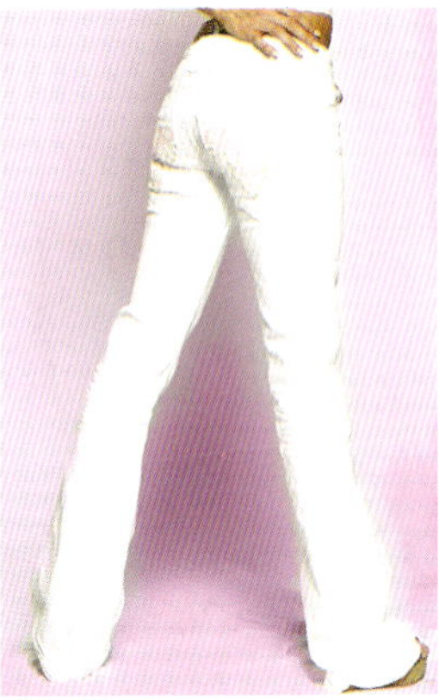

图 10-67

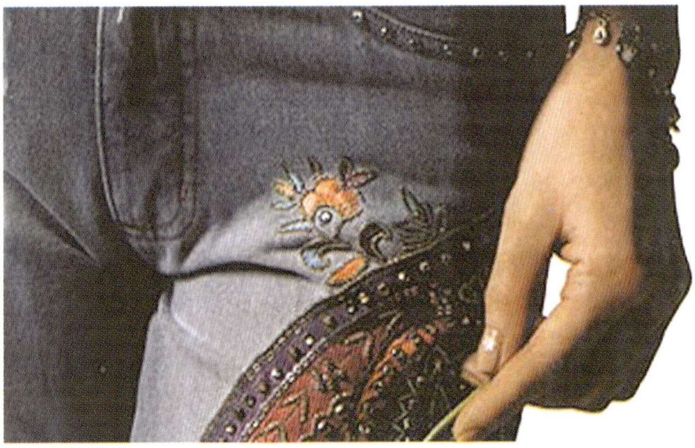

图 10-68

牛仔服在款型、洗涤方式、磨损方式、装饰手法上也有着强烈的流行性，在进行此类设计时应把握流行、找准消费群，把握住市场定位（图 10-69~图 10-71）。

图 10-69

图 10-70

图 10-71

10.5 内衣与居家服设计

随着社会文化的发展和消费观念的深化，内衣与居家服的设计也越来越具有个性化和精致化。内衣是指穿在最里层的服装的总称；而居家服指用于家居休闲、洗浴、睡眠、操持家务时的装束。

10.5.1 内衣的概念

内衣是指穿在最里层的服装的总称。一般从实用性和审美角度上来讲，可分为三个类别，即护身保暖内衣、补正内衣、装饰内衣。

10.5.2 内衣的设计要求

1）护身保暖内衣

护身保暖内衣是指直接与皮肤接触，主要起卫生保健和保暖作用的贴身内衣，它具有防污、吸汗、保持体温的作用。一般以柔软的棉织品为主要材料，或采用富有弹性的针织面料和梭织物。主要有内衣和内裤两个品种。

内衣包括背心、胸衣、汗衫等；内裤包括三角裤、衬裤、衬裙等。为了穿着舒适和肢体活动的方便，设计中多采用纯棉弹性织物，既具有保持或调节调温的作用，又能够阻隔身体分泌物与外衣的直接接触。款式的设计更注重舒适与简洁，色彩多运用白色或各种淡雅的颜色，以求柔和亲切之感。多数为“分断式”贴身衣形，结构设计上注重机能性，保证躯干与四肢着装后运动自如(图 10-72)。面料必须有较好的延伸性,具有吸湿保暖、柔软透气等良好的穿用功能,多选用纯棉针织品及混纺织物。色彩以浅、淡色为多,图案装饰也多为小型几何纹样。儿童内衣图案则多采用卡通图案,呈现儿童的活泼可爱。女性内衣多饰以镂空花边,透露出柔美可爱的气质(图 10-73,图 10-74)。

图 10-72

图 10-73

图 10-74

2) 补正内衣

补正内衣的制作工艺最为复杂,它受益于现代科学、人体工程学研究和高科技新材质的发现。弹力丝织成的透气孔式网眼腰衬,细腰而非束腰,贴体却不压迫皮肤。同时举托上腹肌于胸部隆挺,并且下推腰肌于臀部集突,塑造理想的三围曲线(图 10-75)。此类内衣用材广泛,有化纤、海绵、丝绵、钢丝、松紧带、蕾丝、塑料等,款型花样配合着装需要,色彩以肉色、白色等浅淡色为主。

胸罩设计在材料的选择上,一般需用钢丝和棉混纺织物。钢丝用于塑造胸罩的构架,棉混纺织物用于胸罩的罩面。在当代的胸罩设计中,常常体现为设计造型与高科技的密切结合,并越来越讲究其设计的机能性、科学性和审美性。

束衣常常是胸、腰、臀为一体的设计。束衣具有隆胸、束腰和丰臀的功能,能使女性产生优美的形体曲线。一般来说,女性的身体会随着年龄的增长而发生变化,曾经是非常自信的身

图 10-75

图 10-76

段，由于生活方式的改变和岁月的流逝而变得不再自信，因此，束衣是生育后妇女和中年女性必不可少的内衣之一。由于束衣对身体的回缩性特征，因此在设计中对其材料的选择和研究就显得极为重要，应选用那些既具有吸汗、透气、护肤，又具有极强的回弹力、轻柔、久穿不累的天然纤维混纺织物。

3）装饰内衣

穿在贴身内衣或补正内衣外面，使外衣显得流畅而具层次感，这就是装饰内衣的基本功用。装饰内衣的搭配是有选择的，一般多与礼服、连衣裙组合，因此装饰内衣是一种比较讲究的内衣，主要有连衣式衬裙和衬裙。装饰内衣在设计上多运用刺绣、抽纱或加饰各种花边等。款式多是结合人体科学的线型，设计出表现人体曲线美的样式，面料多选择光洁、滑爽、轻柔、飘洒的真丝、仿丝绸及高科技化纤面料。其功能是使穿脱外衣柔滑，防止外衣出现不自然的褶皱，修饰外衣的整体造型美感(图 10-76)。

10.5.3 居家服的内容及设计要求

居家服主要包括家居休闲装、家居劳动服、家居内室服三大类。

1）家居休闲装

家居休闲装一般指在家里休息与娱乐时穿着的服装。款型较为宽松，式样要庄重大方，色彩一般淡雅柔和、清丽明快。面料可选用丝绸、棉麻、毛料、法兰绒、花呢等面料柔软舒适、手感好的纺织材料(图 10-77)。

2）家居劳动服

家居劳动服，首先要便于从事家务劳动，外形宽松便于穿脱；其次在造型上要简洁随意，不宜时装化和过多的装饰。这种服装没有特定的式样，比较典型的是围裙和烹饪罩衬。颜色宜采用浅淡色调，常见图案是条、格或点以及小花。面料适宜选用耐磨的棉布、牛仔布、混纺针织布等(图 10-78)。

图 10-77

图 10-78

3）家居内室服

家居内室服包括睡衣、浴衣等。

睡衣款型必须给人以舒服、安全之感。有长袍形式的睡袍、上下装分开的衣裤式睡衣及适合年轻人活泼轻快的寝用衬衫。衣裤式睡衣适合大多数人使用，衣料以触感好、不刺激皮肤而有吸湿性的棉织物为佳，此外可选择丝绸、化学纤维等适合季节的面料。色彩选择浅蓝、粉红、奶黄色、淡紫色等有柔和气氛的颜色。花样要小花型，有花卉、水果、条纹、格子等。服装结构设计上要求对睡觉时的姿势不会有勉强，因而背宽与后衣长都要留有宽松量。领口的大小要适度，如果要上领子，那么领腰要低。此外，低袖山而富有机能性的袖子，适量的底摆围尽寸，亦为必需（图 10-79，图 10-80）。

图 10-79

图 10-80

浴衣款型一般采用宽敞式长袍，洗浴后直接贴身穿着吸取身体之湿气。色彩以淡雅纯净为宜，面料一般为棉布、毛巾布，高档浴衣也有以丝绸为面料的（图 10-81）。

图 10-81

10.6 童装设计

儿童时期指出生到 18 岁这一年龄阶段。因每个时期的生理特点、心理特点不同,设计定位也会产生变动。一般将这一时期划分为四个阶段,即婴儿期、幼儿期、学龄期和少年期。

10.6.1 婴儿期的成长特点及设计要求

从出生到 1 周岁的婴儿期,是儿童身体发育的显著时期。出生后的 2~3 个月内,身长可增加 10 厘米,体重则成倍增加。到 1 周岁时,身长约增加 1.5 倍,体重约增加 3 倍。婴儿前期基本是睡眠静态期,3 个月时每天有 60%的时间为睡眠,6 个月时为 55%。儿童在这一时期的特点是睡眠多、发汗多、排泄次数多、皮肤细嫩。6 个月以后婴儿的活动机能逐渐发达,10~13 个月以后由躺姿变为站、走,或独自行走。6 个月以前以吃奶为主,6 个月以后增加辅食,出牙期口水较多。

根据以上生理特点,婴儿服设计须十分重视卫生与保护功能,衣服应柔软宽松,采用吸湿、保暖与透气性好的织物制作,如纯棉纱布、绒布、针织布等。婴儿服设计的另一要点是强调结构的合理性,结构应简洁、舒适而方便,既要注意造型,又要注意扣系结构的合理运用。造型款式易简单,放松度大,不宜设计有腰接线或育克的服装,衣裤上不宜使用松紧带,因项部短,可采用无领设计。因为婴儿大部分时间为仰卧姿势,所以门襟应在前胸。扣系采用扁平的带子,尽可能不用纽扣或其他装饰物,以防止误吞或划伤。衣裤适合分体设计,裤子的后开裆设计应大,以便于换尿布,10 个月即会站以后开裆应小,起保暖与遮掩作用,同时因婴儿的肚子大,无腰身,下装设计应以背带裤、背带裙为主。使用纸尿裤的话,连衣裤穿脱方便,婴儿穿着较舒适自如(图 10-82)。睡袋、斗篷则可以保暖,也易于调换尿布。

图 10-82

色彩上以白色或浅粉色系为主,可衬得小脸更加娇嫩可爱。

装饰上可用小动物的形象和简单的彩绣,贴绣、印花更能产生活泼的童稚情趣。

婴儿头部发育非常快,所以帽子的设计可用皮筋或针织材料完成,以具有较长的服用时间。

为防止婴儿涎液与食物弄脏衣物,需有罩衫与围嘴。罩衫与围嘴的设计可采用双层:一层为棉织物,可吸水;另一层为塑料或涂层,可防水。

婴儿期服装赏析见图 10-83~图 10-86。

图 10-83

图 10-84

图 10-85

图 10-86

10.6.2 幼儿期的成长特点及设计要求

1~3 岁为幼儿期。这个时期的孩子体重和身高都在迅速发展。此时孩子开始学习走路、说话、吃饭、穿脱服装，有一定的模仿能力，能简单认识事物，对于醒目的色彩和活动的东西极为注意，游戏是他们的主要活动。幼儿的形体特点是头大，颈短而粗，肩窄腹凸，四肢短胖。因此幼儿服设计应着重于形体造型，少使用腰线，轮廓以方形、A 字形为宜。

幼儿服的常用造型结构是连衣裤、裙，吊带裤、裙或背心裤、裙。这样的结构形式有利于幼儿的活动，他们玩耍时既便于做任何动作，裤、裙也不会滑落下来。

幼儿服的结构应考虑实用功能。为训练幼儿自己穿脱衣服，门襟开口的位置与尺寸应合理，多数设计在正前方位置。幼儿颈短，不宜在领口设计繁琐的领型和装饰复杂的花边，领子应平坦而柔软。同时，多口袋设计以满足幼儿收纳自己喜欢的小物件，口袋多采用贴袋设计，色彩上多用鲜亮而活泼的对比色。面料夏日可用泡泡纱、条格布、色布、麻纱布等透气性好、吸湿性强的布，使孩子穿着凉爽；秋、冬季宜用保暖性好、耐洗耐穿的灯芯绒、纱卡。

图案装饰或仿生设计，使幼儿独具装饰性和趣味性。

婴儿期的罩衫和围嘴在学吃饭起到相当大的防污作用，可采用婴儿期的双层设计，因此期间孩子已能独立走、跑、跳、攀爬等，同时，孩子整天在室外随地坐，到处蹭，罩衫、罩裤的设计宜选择耐磨的面料。幼儿早期，孩子还穿开裆裤，秋冬上衣的设计宜长，上衣衣裆塞入背带裤中有一定的保暖作用，松紧口的尺寸设计宜松不宜紧，以免阻碍血液循环。

幼儿期服装赏析见图 10-87~图 10-89。

图 10-87

图 10-88

图 10-89

10.6.3 学龄期的成长特点及设计要求

4~6 岁为学龄前期,6~12 岁为学龄期。

学龄前期体型特点是挺腰、凸肚、肩窄、四肢短,胸、腰、臀三部位的围度尺寸差距不大。身体高度增长较快,而围度增长较慢,成人如按八头身比例,4 岁以后的儿童身长已有 5~6 个头高。这个时期的孩子智力、体力发展很快,能自如地跑跳,有一定的语言表达能力。同时已能吸收外界事物和接受教育,学唱歌、跳舞、画画、识字,生活范围主要是家庭、幼儿园或是小学。男孩与女孩在体格上也显出了一些差异。女孩子在这个时期开始出现胸围与腰围差,即腰围比胸围细。

这个时期的孩子活动量大,逐渐能从事各项体育运动,日常运动和游戏的范围也越来越广泛,如踢足球、打羽毛球、骑车,所以设计时应考虑款式结构的牢固性和运动时的舒适性、方便性,不用过于追赶潮流或加过多的装饰。为考虑学校集体生活中的课堂和课外活动穿插进行的特点,一般采用组合形式的服装。款式应具有可调节性和组合性,例如上下装分开衣着的套装、两件装等。外套、上衣背心、长裤、短裤等服装品种进行组合搭配。

低龄学童装应用较鲜艳的色彩,主要出于安全和低龄学童的心理考虑;中学生可降低色彩艳度和纯度(图 10-90~图 10-92)。

图 10-90

图 10-91

面料以棉织物为主,要求质轻、结实、耐洗,不褪色,缩水性小,吸湿性强,透气性好。装饰以不妨碍运动为基本要求。

随着孩子的成长,孩子的社交范围逐渐扩大,如过儿童节、参加表演会、过新年等,以及与家人一同参加其他礼仪性或娱乐性活动时,都需要穿适合一定场合的礼服,女孩春、夏季礼服的基本形式是连衣裙。学龄期至少女期的盛装通常采用西欧传统风格,即合适的上衣配以宽大的泡泡袖,收腰的长裙配以蕾丝花边或荷叶边,裙围较大、旋转时成伞形,腰间系扎缎质蝴蝶结。盛装的设计十分着意于装饰,最常用的装饰是细褶、细裥;打缆绣、缀蕾丝花边、荷叶边;佩戴假花、胸针、蝴蝶结、缎带、领结扣、丝绳等。同时,从鞋、帽、小背包、手提包到服装的配套

图 10-92

系列化设计，会增添盛装的装饰效果。女童盛装色彩可纯净淡雅；男童装色彩可用沉着的深色，也可热烈明艳。

按照一定的场合、目的、时间等穿用服装，是对儿童审美观念的培养，是对正确着装的社会行为规范的了解和教育。

10.6.4　少年期的成长特点及设计要求

13~16 岁的中学生时期为少年期，这是少年身体和精神发育成长明显的阶段，也是少年逐渐向青春期转变的时期。这时少女胸部开始丰满起来，臀部的脂肪也开始增多；少男的肩部变平变宽，身高、胸围和体重也明显增加。由于体格的显著变化，心理上也很注意自身的发育，情绪易于波动，喜欢表现自我。

少年人逐步接近成年人，有一定的审美意识，懂得不同场合服装的适合性。这时期的少年已有了自己的审美意识和独立思考的能力，但尚未形成独立观点，自身又不具有经济能力，对于服装的喜好在很大程度上受到成人的影响。款式设计过于天真活泼，少年儿童不愿接受；而成人化的款式又显得严肃、老成，失去了少年生机勃勃的特性。成人女装和男装的流行造型、款式、色彩会对中学生产生较大影响，特别是流行歌星、影视青春剧偶像的衣着形象也会对少年的择装产生影响。由于体形基本发育成熟，在造型与款式的设计上可更多地借鉴成人的形式。少年期在服装的搭配上仍可保持学龄期的组合形式，以满足体育课与课外运动时不宜穿得太厚，方便活动时的脱衣需求。如女孩子可选用 H 形、高腰、低腰等连衣裙，显得活泼、利索、身姿娟秀。此期间的设计除部

图 10-93

分中性服装外，应有着明确的性别意识划分以满足男女少年对自身形体美的满足及性别意识的概念(图 10-93~图 10-95)。

图 10-94

图 10-95

在面料的选择上，贴身衣服多为棉织物，吸湿、舒适，外衣可采用多种质轻、结实、耐洗不褪色的材料。

10.7 针织服装设计

针织服装以其面料的特殊性越来越受到人们的喜爱，尤其是现代人的生活崇尚休闲、运动、舒适、随意，因此针织服装在现代生活中占据了重要的地位，成为流行的焦点，且趋于时装化、成衣化。

根据服装用途和服装成型过程的不同，我们把针织服装分为针织面料服装与编织服装。针织面料服装即先织面料，后裁剪，接下来再缝合加工，主要品种有针织内衣、针织外衣；而编织服装是直接在编织横机上织成成品，即便有缝合，也是很少的部分，主要品种有羊毛衫、围巾、袜子等。

10.7.1 针织面料的特点及设计要求

针织面料是纱线单独地构成线圈，再经串套联结而成的。针织面料的结构单元是线圈，根据线圈构成与串套的不同，又可分为纬编织物与经编织物两种。

1) 面料特点

(1) 拉伸性

针织面料由于靠同一根纱线成横向纵向联系，当一向拉伸时，另一向会缩小，而且能朝各方面拉伸，伸缩性很大。因此针织服装手感柔软，富有弹性，穿着适体，既能显示人体的线条起伏，又不妨碍身体的运动。但也伴有外观形态不够稳定的缺陷，与纬编面料相比，经编面料较稳定，变形小，适宜制作外衣。

（2）透气性

针织面料的线圈结构能保存较多的空气量，因而透气性、吸湿性和保暖性优良，使服装穿着具有舒适感。

（3）脱散性

在服装裁剪或穿着磨损时，针织面料被切断的线圈失去串套联结，易脱散而形成"针洞"。针织物的这种脱散性，纬编的较经编的为大，基本组织的较花色组织的为大，线圈长的较线圈短的为大。

（4）卷边性

针织面料因边缘线圈中弯曲纱线在自由状态下力图回复伸直，因此呈现出不同程度的"包卷"现象。纱线越粗、弹性越好、线圈长度越短，则面料的卷边性也越显著。双面针织物则基本上不存在卷边问题。

（5）工艺回缩性

针织面料裁成衣片后，在缝制与穿着中会产生纵横方向不同程度的收缩变化，其缩率一般在2%左右。因此，为确保成衣规格，在尺寸设计时须预先估计到这一点。

2）设计要求

由于针织面料的性能特点有别于一般机织面料，因此在裁剪、缝制工艺上亦受到一定的制约。在设计中，应注意以下几个方面：

针织服装的轮廓造型大致可分为三种：紧身形、宽松形和直筒形。

（1）紧身形：常用薄型针织面料，简洁利落，自然贴身，充分展现女性曲线优美的身材。如：泳装、健美服、舞蹈服、紧身运动衣等。

（2）宽松形：常用柔软性和悬垂感较好的针织面料，用于宽松型的休闲外套的设计，造型多采用A形、H形等轮廓简洁大方，表现出洒脱而悠闲情调。

（3）直筒形：是介于紧身形和宽松形之间的服装造型，用于普通针织外衣和T恤。这类针织服装一般以直筒形和略收腰身造型为主，通常款式设计比较简洁，借助服装长短以及局部比例来丰富服装造型。

3）针织服装在裁剪、缝制工艺方面的注意事项：

（1）结构

针织面料由于轻薄、柔软，加上伸缩性大，在设计服装结构时应趋于简洁，尽可能地不用或少用省。此外，在推、归、拔、烫等结构造型的工艺运用中也要受到不少限制，因此，服装结构以简练、大方为好，不能过于繁琐。裁剪上也以直线裁剪为主(图10-96)。为了避免和弥补因造型简单而产生的平淡呆板感，设计时可在面料组织、色彩、图案、装饰上多加考虑，以取得理想的效果(图10-97~图10-99)。针织印花时应考虑染料的回缩性与面料保持一致，特别是设计泳装等，运用高弹性面料时更应注意其性能、结构。(图10-100,图10-101)。

图10-96

图 10-97

图 10-98

图 10-99

图 10-100

图 10-101

（2）放松度

针织面料具有极好的悬垂性，从而易导致长度增加而宽度缩小。因此，凡是会影响运动机能的服装部位，如胸围、臀围，应有适量的放松度；但因针织面料的固有弹性，其放松尺寸比机织面料的服装略小。在制作长裙时，则应将裙片适当放宽，长度缩短一些。

（3）缝缉线

针织服装的针迹宜稍粗，一般控制在每厘米 10~12 针。通常应用五线拷边链缝、绷缝机缝制，使缝缉线富有弹性。

（4）衬料

为了增进针织服装的美观和牢度，在克夫、领面、门襟等不必要有弹性伸缩的部位，应使用粘合衬，以达到稳定、平挺的效果。

10.7.2 编织服装的特点及设计要求

编织服装指用各种羊毛、羊绒、驼绒、兔毛等动物毛线或毛型化纤材料的服装，主要包括针织毛衣、针织围巾等。

图 10-102

图 10-103

图 10-104

1）针织毛衣的特点

毛衣通常在横机上生产。普通横机能编织基本组织的织物，双排横机能编织各种色条或方格纹样，提花横机则可编织多种类型的花色织物。横机的生产特点是成形编织，它可以通过放针和收针，编织成衣片，一般无需经过裁剪就能缝制服装。

除横机编结外，还有采用棒针手工编结的毛衣，亦称棒针衫，品种有花色套衫、旅游衫、外套大衣等，针法及用线、用色可以随心所欲地加以变化，新颖别致，极富个性化。

2）针织毛衣的设计要求

（1）羊毛线

羊毛纱具有良好的手感和弹性。其产品外观上织纹清晰，并且不宜变形。

（2）兔毛线

兔毛纱色泽洁白，柔细轻盈，保温性和手感极好。但由于兔毛轻盈、滑爽而无卷曲，不易单独纺纱，因此，兔毛一般是与其他纤维混合纺纱，更多的是与羊毛混纺，成衣效果很好。然而兔毛的牢度较差，其成衣容易造成脱毛现象。

（3）混纺毛线

利用天然纤维与化学纤维混合纺纱而成的混纺毛纱，是现代针织服装常用的材料之一。混纺毛既有着天然毛纱的柔软和良好的肌理感觉，同时又有很强的韧性和牢度，且价格便宜，其成衣的服用范围很大。

不管是机织还是手工编织，在设计上针法、用线、用色是设计的重点。针织物的线圈结构精致多变，富有独特的肌理效应。可利用织纹组织结构来构成图案花纹的凹凸起伏的服饰效果，获得精细或粗犷、典雅或华贵、严谨或活泼等风格迥异的观感形象，利用不同的材料组织和不同色彩的材料交替使用（如羊毛纱与兔毛纱，羊毛纱与混合毛纱等），以获得丰富的色彩与图案效应。同时，运用各种织法的组合变化与适当配置，也能增强服装的装饰性和整体美感（图 10-102~图 10-104）。

思考与练习

1. 根据教学条件，选择一种职业实地了解行业特点，进行不同工种的系列设计。
2. 调查市场，根据流行元素，设计系列时尚女休闲装或系列男休闲装。
3. 设计新娘、新郎、伴娘、伴郎婚礼服一系列（中式四套、西式四套）。
4. 设计春季登山旅游服一系列，包括旅行包、帽、鞋配件。
5. 设计秋季 4~6 岁幼儿游玩服一系列，礼服一系列。

11 服装品牌

学习目标

1. 明确服装的品牌概念;
2. 掌握服装品牌的分类方法;
3. 对世界级服装品牌及国内著名服装品牌有一定的了解;
4. 了解品牌从创始、设计表现到终端销售的一系列流程;
5. 掌握不同的服装品牌市场定位和风格类别;
6. 建立起品牌的市场意识,明确品牌服装设计与非品牌服装设计的区别。

11.1 服装品牌的概念

11.1.1 服装品牌的概念和分类

在劳动产品用于交换的时期,工匠们会在作品上留下标记,成为自己独特的个人象征。伴随着零售业的成长,到了20世纪,建立商品品牌的工作才开始正式普及。服装品牌比其他产品的品牌出现的要晚,服装品牌的发展历程是近代服装产业发展的缩影,对起步较晚的中国服装产业来说,服装品牌概念进入中国则是在70年代中后期了,实施品牌战略是我国服装工业发展的必经之路。在成功加入世贸组织后,面对各种利好信息的同时,更应看到只有企业树立品牌意识才能保证产品在国际化竞争中谋取一席之地。

品牌,是一个名字、称谓、符号、设计或是上述的总和,其目的是要使自己的产品或服务有别于竞争者,这是营销学家对品牌的定义。对于消费者而言,品牌意味着一种商品属性,商品包装、商品价格、商品历史声誉、广告方式以及使用印象等。

品牌的价值由两方面构成:其一是其本身的明确价值,即经过检验而符合国家或国际标准;其二是其潜在的附加价值,即品牌所倡导的一种文化理念。在目前这个实际价值相差无几且竞争激烈的经济时代,一种商品要成为知名品牌并得到消费者的认可,取决于它事实上的质量与价值越来越少,事实上的差异越看不出来,潜在价值就愈发重要。

服装也是一种商品,服装产业的品牌化是其发展的必然趋势。品牌服装不只是一个带有商标的服装产品,它应该是具有一定的市场认知度和完整的形象,并具有一定的商业信誉的服装产品系统。

服装品牌可以根据不同的方式进行分类：

1）根据消费群来分，可以分为高级女装品牌、高级成衣品牌和成衣品牌

高级女装品牌（也称为高级时装）：高级女装是艺术与缝制工艺的完美结合，以多次假缝和大量的手工缝制来完成设计作品。在法国，高级女装称号是受法律保护的，要想使自己的品牌取得高级女装的称号必须向法国高级女装协会递交正式申请并符合若干条件。如在巴黎设有工作室；参加高级女装协会举办的一月（春夏季）和七月（秋冬季）的每年两次个人作品发布会，每次作品必须在75套以上；拥有20人以上的从业人员以及三人以上的专职模特；每年对特定的顾客举行数十次的展示活动，每个款式须进行数次假缝试样后再缝制等。

高级成衣品牌：高级成衣介于高级女装和成衣之间，相对高级女装需要设计师面对顾客反复试样而言，高级成衣是对高级女装作适量简化，小批量多品种地按标准号型生产的高档成衣。高级成衣品牌面对的消费群是中产阶级。

成衣品牌：成衣是指按标准型号生产的成品服装，具有品质规范化、生产机械化、产量速度化、价格合理化、款式大众化的特点。

2）根据服装品牌推介方式来分，可以分为设计师品牌和商业品牌

设计师品牌，顾名思义，这类品牌与创牌设计师有关，一般直接用创始人的名字来命名，比如耳熟能详的法国的夏奈尔，意大利的乔治·阿玛尼，美国的卡尔·克莱恩，日本的三宅一生，英国的维维安·韦斯特伍德等。这一类品牌都集中在高级女装和高级成衣范畴。

商业品牌，其中包括制造商品牌和经销商品牌，主要集中在高级成衣和成衣领域，这些品牌以取得较好的商业业绩而出名，比如英国的拒水（Aquascutum），美国的爱斯普力特(Esprit)，意大利的芬迪(Fendi)等。

不过单纯的根据品牌名并不能从本质上区分设计师品牌与商业品牌，一方面，设计师品牌并不是完全以设计师来命名的，比如日本川久保玲的品牌“COMME des GARCONS”，翻译成中文是“像男孩一样”；而另一方面，一个设计师的设计生涯和一个品牌的生命历程相比是有限的，随着时间的流逝，岁月的变迁，夏奈尔、迪奥等的过世，范思哲的意外，伊夫·圣·洛朗的退休，著名的设计师品牌的创始人一个个退出历史舞台，留下的品牌只剩下一个“壳”，或者说一个印记。据不完全统计，目前法国注册在册的高级女装品牌，只有少数几个现在还是创始人自有品牌或者为家族所有，很多都已经被一些大型服装集团或者资本集团收购。所以，现在我们看到的绝大多数以设计师名字命名的著名服装品牌，本质上已经从设计师品牌转变成了服务于某大型服装企业集团的品牌。

3）根据服装企业投资比例的主次和设计定位的不同，可以分为一线品牌和二线品牌

品牌服装除了主体的产品以外还会推出一些相对年轻简洁的二线品牌，比如卡尔文·克莱恩除了高级女装Calvin Klein和高级成衣CK Calvin Klein外还有二线的牛仔系列Calvin Klein Jeans；而二线品牌的始作俑者唐娜·凯伦除了正牌Donna Karan New York以外，二线系列包括摩登多变的DKNY、性感高雅的D、舒适随意的DKNYClassic、牛仔系列DKNYJeans和运动系列DKNY Active。二线品牌是在20世纪80年代才出现的，随着消费者兴趣的转移，时装大众化的潮流及品牌经营者扩大市场的欲望，以高价位为主的服装品牌在保持原有设计格调的基础上降低材质及销售成本，以相对较低的价格推出二线品牌以占领更广阔的服装市

场。某些品牌二线产品的知名度比一线产品有过之而无不及。另外，还可以根据服装的风格、消费群年龄层等方面来区分。

11.1.2 世界顶级服装品牌简介

Yves Saint Laurent (伊夫·圣·洛朗)

伊夫·圣·洛朗是最早在成衣中糅入艺术性而产生高级成衣概念的设计师，1966 年其同一名称的高级成衣品牌一炮打响。其服装没有坚挺的外形或过于复杂的裁剪，主要依赖于恰当的线条及华丽精致的面料。在很长一段时间中，他的风格被冠以“超现实主义”之称，80 年代后期以后，伊夫·圣·洛朗的设计更趋老辣，如今该品牌的服装应该用前卫和古典的巧妙平衡来形象。该品牌的服装可以描述为艺术化、高品位，它最大限度地体现了女性美，是经典设计的象征(图 11-1)。

图 11-1

图 11-2

Hugo Boss(波士)

德国著名服装品牌。始于 20 世纪 20 年代，开始主要生产工作服装，在 60 年代，从中价的皮尔·卡丹高级成衣中得到启发，针对白领中产阶级，设计生产小批量、品质高但价格适中的服装，这一准确的市场定位使其在德国进而至欧洲市场大获成功。其硬朗的都市雅皮风格，受到上班族尤其是企业商人的喜爱。在营销上，该品牌采用契约转让和承包的策略。在德国，它们会以最快的速度从一些不合适其最新流行形象的零售商里撤出，即使遭受损失也不愿使品牌降级，这个策略目前已被普遍成功地应用(图 11-2)。

Burberry (柏帛丽)

英国老资历的服装品牌。诞生于 1835 年，早期生产猎装及钓鱼装，具有理想的防风雨效果，同时具有良好的透气性。1912 年人类第一个到达南极的罗尔德·阿姆德森对它在南极途中的表现赞赏有加。满足顾客对“品位和风格的要求”正是该品牌的设计原动力。传统的“柏帛丽格”以及“新豪斯格”受到英国商标管理局的登记保护。如今，这个典型的传统英国风格品牌已在全世界家喻户晓，并具有巨大的影响力(图 11-3，图 11-4)。

图 11-3

图 11-4

Donna Karan (唐娜·卡兰)

该品牌立足于纽约特有的生活方式，代表着纽约特有的朝气活力和都市气息。品牌的设计宗旨是“服装必须满足人们的某种需要，使生活更简易，增加一些舒适、豪华及持久性”。为了顺应时代潮流，该品牌下还发展了 DKNY、D 等众多延伸品牌。其中 DKNY 也是一个较有影响力的服装品牌，定位是专为生活、工作、娱乐之中的人们设计生产的，服装的色彩及款式结构比例都比 Donna Karan 更为年轻化。Donna Karan 品牌是艺术与市场的完美结合(图 11-5)。

图 11-5

图 11-6

Calvin Klein(卡尔文·克莱恩)

美式服装的典范，创始于 1968 年，风格随意，结构简单，但对于衣料的质地要求颇高，常选用优质的羊毛、开司米、纯棉及其他优质的纺织面料。“简洁”是该品牌的美学观念，优雅轻松、洗练朴实、大胆创新是该品牌的特色。在宣传推广方面，该品牌创造了属于自己的广告文化，每当有新产品问世之际就会以创意新奇的广告宣传方式引起消费者和传媒的关注，品牌创始人卡尔文·克莱恩被认为是改变了现代的美国时装，并称为是时尚市场与广告界的天才人物(图 11-6)。

Prada (普拉达)

普拉达是近几年来在世界各地特别是亚洲十分受欢迎的一个牌子。它的历史可以追溯到 1913 年,当时普拉达是一个专营皮件与进口商品的零售商,70 年代末以后普拉达的孙女缪西娅的出色表现,使品牌知名度日益升高。缪西娅认为女性是最好的设计师,现代时装表达的正是女性自身的感受。她的设计能容许穿者运动自如,远离所有的束缚与限制,融入了传统与时髦,表达了优雅的精致感和书卷气。70 年代,普拉达率先推出了尼龙面料手袋,配上皮革饰边,与金属材质的 PRADA 标牌一起成为沿用至今的风格标示。1992 年,缪西娅又推出二线品牌“MIU MIU”,针对较为年轻的女性(图 11-7,图 11-8)。

图 11-7

图 11-8

图 11-9

图 11-10

图 11-11

Givenchy(纪梵希)

该品牌被法国人誉为优雅的代言人。在20世纪50年代，它的简洁、清新、庄重，获得广大青年女性的欢迎，奥黛丽·赫本就是其热爱者，在她的多部著名影片中穿着的服装都出自该品牌。以高超的剪裁技巧为基础，注重线条表现是纪梵希的一贯特点，运用一流的优质面料及广泛的色彩主体使这一品牌成为法国传统的经典品牌之一(图11-9~图11-11)。

Chanel (夏奈尔)

该品牌被称为是优雅的代名词，不论是正式的套装、休闲服装，甚至是礼服，看似并不突出的剪裁，实际上对身材有非常精致的修饰效果，这正是Chanel悠久服装历史的功力所在。夏奈尔是第一个打破"珠宝迷恋"的品牌，提倡将真假珠宝搭配在一起。菱形格纹、山茶花、NO.5香水是该品牌的经典作品(图11-12~图11-14)。

图11-12

图11-13

图11-14

图11-15

图11-16

Kenzo(高田贤三)

该品牌擅长运用色彩,设计师高田贤三对于颜色的敏锐度非常精准,在设计中钟爱运用花卉图案的运用,每季都会有不同的手法来呈现花朵的迷人之处,以少女青春纯洁的模样为出发点,展现绽放生命的热情与清晰,充满朝气与喜悦,完整地塑造了 Kenzo 鲜明易辨的形象感。Kenzo 用来自亚洲的声音表达着自己的创作理念,在巴黎、米兰、东京都享有很高的盛名(图 11-15,图 11-16)。

图 11-17

Versace (范思哲)

著名意大利服装品牌,代表着一个品牌家族,一个时尚帝国。它的设计风格鲜明,具有独特的美感和极强的先锋艺术的象征。多采用高贵豪华的面料,借助斜裁方式,在生硬的几何线条与柔和的身体曲线间巧妙过渡,以金属饰品及闪光物装饰的女裤、皮革女装创造了一种介于女斗士与女妖之间的女性形象。该品牌的服装充满文艺复兴时期特色的华丽,具有丰富的想象力,深受演艺界人士的推崇(图 11-17)。

Issey Miyake (三宅一生)

该品牌把日本传统文化与东西方的经验结合起来,在服装上把东西方的服饰观念推向全世界。设计师三宅一生擅长立体主义设计,他的服装让人联想到日本的传统服饰,但这些形式却又是崭新的。该品牌的服装极具创造力,集质朴、基本、现代为一体,没有一丝商业气息,有的全是充满梦幻色彩的创举,其顾客群多为东西方中上阶层前卫人士(图 11-18,图 11-19)。

图 11-18

图 11-19

Christan Dior (克里斯·迪奥)

创始于 1947 年,自始以来一直是绚丽的高级女装的代名词,开创了每半年推出一次新系列高级女装的先河,每次推出新系列都会根据轮廓而赋予简单明了的主题词,如 A 型、Y 型、H 型等等。该品牌偏爱选用高档上乘面料,如绸缎、精纺羊毛、塔夫绸、华丽的刺绣品等,塑造出法国高级女装独有的奢华感。如今,其首席设计师约翰·加里亚诺将他独特的英式前卫风格与华丽的品牌风格相结合,使这个传统的老品牌再度焕发青春(图 11-20,图 11-21)。

图 11-20

图 11-21

Gucci (古奇)

创始于 1923 年意大利佛罗伦萨,其先是制造皮具,后来开始多元发展。品牌风格以高档、奢华、性感而闻名于世,以"身份与财富的象征"的品牌形象而受到商界人士的喜爱。该品牌在用料方面偏好采用缎、绉缎、天鹅绒等名贵材料,多采用别具一格的贴身裁剪,运用创意的廓形、新意的色彩、不同材质的组合效果来达到其独特性感的品牌风格。目前,古奇品牌是意大利最大的时装集团(图 11-22)。

图 11-22

Max Mara(玛丝·玛拉)

该品牌是意大利第一个把手工服装制作业转向服装企业化的品牌集团,旗下拥有 23 个不同的服装品牌,6 家成衣公司,是意大利最大的女性成衣制造商。高质量、有舒适感的女装是其品牌核心, 色彩多选用黑色、象牙色、驼色、棕色和灰色,独特的质感、精致的裁剪、简洁稳重的气质使该品牌成为独树一帜的典范(图 11-23,图 11-24)。

图 11-23

图 11-24

11.1.3 国内品牌简介

艾格(ETAM)

1994 年底,法国 ETAM 集团在中国设立了分支企业——上海英特模制衣有限公司并与 1995 年 1 月在上海开设了第一家专卖店。五年中,公司吸取法国 ETAM 的成功经验并有效结合中国市场的特点,特别是将销售网点全部由专卖店形式改为在知名商场设立专柜,使艾格很快成为全国知名品牌。1998 年,艾格的休闲系列"艾格周末"问世,更强调服装在休闲时光里的可穿性和舒适性。目前品牌细分为艾格、艾格周末、艾格运动和艾格内衣等,从而能顺应世界时装的流行趋势。

图 11-25

设立在上海的设计部,利用法国的流行情报在资深设计师的精心策划下,推出以不同故事为主题的系列服装。一般每季都有五组故事,每组故事最理想的展示方式是在同块墙板上,这也是艾格服饰区别于其他品牌服饰的独特的陈列方式(图 11-25)。

江南布衣(JNBY)

江南布衣品牌推崇"自然、健康、完美"的生活方式,"Joyful Natural Beauteous Yourself."这四个单词很好地诠释了江南布衣的品牌理念。

品牌设计定位于这种生活方式或崇尚这种生活方式的都市知识女性,年龄层在 20~35 岁之间,并以这个群体的生活状态为依据设计开发服装、服饰品、居艺用品。设计风格集自然、质朴、自我、现代于一体。不盲从流行但始终时尚,材质多用不同肌理、不同风格的纯天然面料,如棉、麻、毛、丝等;全情演绎与自然相融的理念,款式设计强调单品之间丰富、随意的可搭配性,为穿着群体提供专业的服饰搭配概念的同时,更为她们留下服饰搭配的再创空间。丰富的设计语言更是江南布衣的一大特色,细节手法如手工刺绣、机绣布料造型、手绘、胶印等等,枝叶花草是其标志性的装饰纹样(图 11-26,图 11-27)。

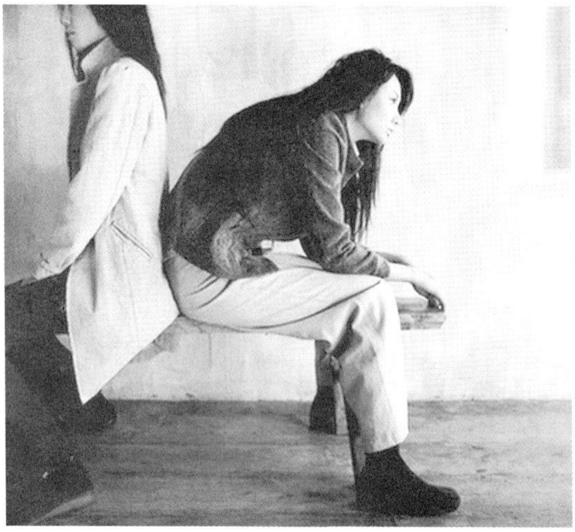

图 11-26

图 11-27

淑女屋 (Fairyfair)

成立于 1991 年,是一家集设计、开发、生产、销售于一体的大型服装集团公司。公司注重品牌设计,提倡原创精神,致力于"美好女人的一生",实施多品牌发展战略。旗下品牌细分为:

"爱婴系列"——爱从零色开始,妈妈装、Baby 装、鞋、帽系列产品;

"小淑女与约翰"——完美童话,男女童装,玩具、鞋、包、帽系列产品;

图 11-28

图 11-29

"淑女屋"——永远的美好,淑女服装,鞋、包、帽系列产品;

"自然元素"——展示天地间、宇宙间和万事万物间自然情怀,产品包括男女休闲装;

"画然单元"——倡导全新的生活理念,感受新生活,产品包括生活用品、床上用品、食品、化妆品、洗洁品、文化用品、文具、小型家私、餐具等(图 11-28,图 11-29)。

班尼路(Baleno)

母公司"德永佳集团有限公司"于 1996 年收购 Baleno 品牌,将品牌重新包装,并创立"班尼路集团有限公司"及班尼路品牌。

班尼路坚持其发展理念为:物超所值、大众化。产品组合方面,则以男、女、中性的休闲服为主导。为加强市场占有率,班尼路邀请天王巨星刘德华及王菲为品牌代言人,并迅速开设自营店及特许经营店,让班尼路这个品牌遍布中国大陆及东南亚市场。

目前班尼路服饰公司旗下共有六个品牌,包括舒适自然物超所值的班尼路、具有刺激新鲜感的生活几何(S&K)、带来的是街头文化的互动地带(I.P.Zone)、与日本时尚产物并肩齐行的纯真传说(Bambini)、时尚且高雅的水虹(Baleno Attitude)以及休闲更见本色的衣本色(E-bas)(图 11-30,图 11-31)。

图 11-30

图 11-31

例外(EXCEPTION)

1996 年,广州状态服装设计有限公司成立,推出创新独特的服装品牌——"例外"。1998 年 4 月,"EXCEPTION de MIXMIND" 品牌首次参加中国最大规模的国际性服装博览会——CHIC98,获得了"最佳设计"及"最佳品质"双金奖;2002 年"例外"作为国内唯一被邀请的服装品牌参加了"2002 年巴黎成衣展"。

"例外"的成功在于拥有十分独特的品牌文化——在设计上,"例外"并非各大流行趋势的大集合,而是经过强劲的设计班组对国际最新时尚潮流进行深入考察和分析整理后,结合都市女性的生活环境、心理需求,冠以"例外"创新、超越的设计观念,创造出简洁含蓄、舒适实用、兼具文化艺术特质及时尚品位的"例外"风格。"例外"不仅仅是一个品牌,更代表一种观念。"例外"崇尚人性的真实,尊重作为生命存在的知性人群本身(图 11-32,图 11-33)。

图 11-32

图 11-33

白领(WHITECOLLAR)

品牌定位于文化、时尚、一流。文化,通过服务、产品系列化和店面形象等诸多方面为载体而呈现出来的一种感觉,树立在消费者心中,并融入白领品牌含义之中;时尚,始终与国际时装界的时尚同步,并挖掘潜在的时尚消费;一流,“白领”品牌无论产品品质、服务水平、品牌形象、销售业绩等皆一流,并以国际一流品牌的标准来要求自己。“白领”通过品牌定位以及与定位相吻合的工作目标,为顾客提供最优良的产品和最优质的服务。

长期以来,“白领”向顾客承诺“不打折”的经营理念,在保证产品质量、特色服务等硬件设施优秀的同时,避免使“白领”陷入成本竞争、价格竞争和质量竞争等低层次的竞争中,而是站在一个更高的层面参与市场,进行品牌运作(图 11-34,图 11-35)。

图 11-34

图 11-35

马克华菲(Mark Fairwhale)

马克华菲源于欧美时尚风情概念,以代表世界时尚和流行的国际品牌品位,展现高贵的时装艺术。是为不断追求更高品质生活的都市男性量身定做的贵族式休闲品牌,定位于28~40岁的都市新贵,以简约为主调,精致的剪裁和力求舒适,结合时尚欧美的都会 Fashion,马克·华菲以东方的精神和饱满的世界时尚元素,传递出世界新贵独特的气质和个性魅力。

品牌产品定位:

(1)国际品牌品位,代表世界时尚和流行。

(2)现代都会高级上班族便装、休闲套装之经典配装。

(3)产品讲求时尚生活化,注重休闲都会 Fashion 。

(4)推崇休闲服装高贵配装艺术,展现贵族气息(图 11-36,图 11-37)。

图 11-36

图 11-37

11.2 品牌服装的设计

11.2.1 品牌的创始与市场定位(图 11-38~图 11-40)

服装市场是一个很大的消费市场,品牌定位必须结合服装企业自身的经济实力、技术力量和人才资源状况,依据市场细分结果,对目标市场消费群体及同类企业进行详细的调查分析而确立的。

消费市场的细分可以分为两大部分:一部分是按消费者的特征来细分,如年龄特征、心理特征、地域特征等;另一部分是按消费者的反应来细分,如按购买时机、购买态度等。服装企业常用的细分方法有:

1) 地理区分

根据地区特征、城市规模、人口密度、气候来细分。

不同地域的气候影响着人们对服装的要求和判断;不同的地区、不同的城市都有其根深蒂固的生活习惯和文化氛围,沿海经济比较发达的地区对时尚的接受更为迅速,对服装的选择趋向于开放式，对服装的款式和剪裁要求也相对较高；经济较为发达地区和人口密度较高的地区对流行元素比较敏锐，内陆地区在对服装的审美上则会相对传统一些。

图 11-38

图 11-39

2）人文细分

根据年龄、性别、家庭特点、收入、职业、教育、种族、宗教、地区来细分。

不同的收入状况会影响对服装的承受能力，不同的教育会影响对服装的审美倾向，而不同的年龄更会形成不同规格的服装分类与服装消费心理。同是定位在知识女性这样一个目标消费群体，但会因不同的个体因素导致最终的选择南辕北辙。如果知识女性的定义是大学毕业的女性，那么刚刚踏出校门的和工作有一定年限的人在经济能力和审美趣味上是有区别的，而结婚的和未婚的在选择上也会有差异。

图 11-40

3）心理细分

根据消费者的个性特征、生活方式及心理特征来细分。

消费者自身的个性特征会决定如何去选择服装。如性格内向的人会相对选择比较保守的服装；生活方式的紧张或松散也会左右消费者选择服装的不同款式。

4）行为细分

根据顾客对产品使用情况和反应划分市场。如根据消费者的需要、购买或使用时机来细分；根据消费者购买或使用时强调的利益效用来细分；根据消费者的忠诚程度来细分。

品牌的魅力在于其独特性，在对目标市场详细了解的同时还应该对市场上走相同路线的同类企业和产品进行调查，了解大量典型品牌服装的运作规律、经营特点、品牌风格、产品特色和销售状况。一方面可以避免重复设计风格，造成资源的浪费；另一方面也可以知己知彼，取长补短，为品牌找到更为合适的切入点，在众多的产品中脱颖而出，树立独特的、消费者认同的品牌个性和形象。

通过对市场调查总结，对目标市场的准确定位是企业进占市场、拓展市场的前提，同时，成功的品牌定位对企业占有市场、拓展市场起到了导航作用。

11.2.2 品牌设计风格与类别定位

风格就是独特性和差异性，是在有选择地综合流行元素的基础上再赋予其个性的面貌。品牌服装的风格是其款式、面料、色彩及细节的整体印象。服装的产品类别是指服装的目的及用途；即是居家逛街穿着还是户外运动穿着，是工作状态穿着还是娱乐时间穿着等。

消费者选择一个品牌代表其对该品牌产生了认同感和归属感。不同的年龄阶层对服装有不同的选择,就算是同一年龄层也会因为文化修养、生活环境、经济状况等各种因素而做出不同的选择。所以,品牌的设计风格和类别的定位必须具有针对性,在分析目标消费群消费习惯、消费能力、审美习惯等各类因素后才能进行。风格的定位还必须是鲜明而与众不同的,有时候目标消费群和产品类别可以是相似的。但风格必须有区分,一个没有独特风格的品牌是无法在市场上长久立足的。一个品牌的风格一旦确定下来就不能随意更换,明确的品牌风格定位是指导每季设计的方向标。

虽然流行千变万化,但主体的风格类型大致可以分为传统美和现代美两大派系八个部分。

1）古典风格(图 11-41,图 11-42)

传统、本源、怀旧、正统规范的服饰印象。

灵感来源:受欧洲古代宫廷影响,欧洲 20 世纪的旧式艺术,西欧民族的旧式衣装以及欧洲传统规范的生活习俗。

款式要点:基本型以正统的西式套装最具代表,遵循传统美的时装精神。

色彩要点:酒红、墨绿、深紫、中灰、黑等沉静、淡雅的中间色彩。

材质印象:粗花呢、苏格兰条格呢、羊绒、天鹅绒等。

图 11-41

图 11-42

2）优雅风格(图 11-43~ 图 11-46)

优雅考究,格调高雅的风格,多以女性自然天成的完美曲线为造型要点。

灵感来源:20 世纪 20 年代的社会风情,50 年代装饰艺术风格的高级时装。

款式特点:给人以柔和、精致、优雅、简练的服饰印象,表现自然修长的轮廓线。

色彩要点:20 年代——浅灰色调。50 年代——以白色,中灰色调为中心,配大红、黑等色,组成富有个性的服饰调。

材质印象:20 年代——柔软、平滑、悬垂性强的丝绸、尼龙等缎纹织物,以乔其纱、雪纺为主流,并采用有弹性易于表现形体的柔性薄针织物。50 年代——强调柔软的手感,多采用高纯度精纺高级面料,如丝绸、马海毛、驼绒等。

图 11-43

图 11-44

图 11-45

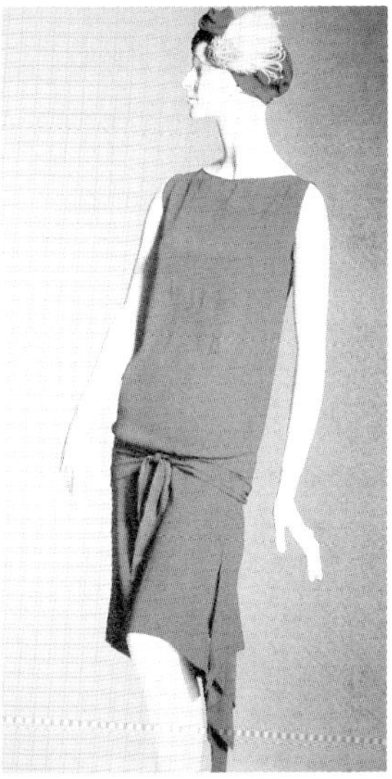

图 11-46

3）浪漫风格(图 11-47~ 图 11-49)

甜美,柔和,富于梦幻的浪漫形象,是纯粹表现女性柔美的服装形象。

灵感来源:罗可可时代豪华奢侈繁琐的造型艺术形式。

款式特点:柔软的造型,飘逸流动的线条。

色彩要点:以轻柔的粉色调为中心,形成明亮柔美的色彩倾向。

材质印象:缎子,绡,纱,蕾丝花边,秋冬季的材料里子多采用丝光感和柔软、毛感强的材料。

图 11-47

图 11-48

图 11-49

4）民俗风格(图 11-50,图 11-51)

指吸取民族服装理念精华的服装风格形象。

图 11-50

图 11-51

灵感来源：

（1）原始——从依赖土地生活的原始的纯粹自然状态的生活中，表现人与自然既抗争又难舍难分的关系。

（2）田园——从与大自然朝夕相处的人们的生活方式中取得灵感，以实用而轻松的乡村服饰为题材。

（3）民族——以目前存在的世界各地民族风情和民族服饰的特点作为灵感来源。

款式特点：注重服装的层次搭配和穿着方式。

色彩要点：自然环境下生存的植物和土地以及野生动物的色彩/土地色系配合紫罗兰、玫瑰红等高彩度色彩/具有民族特色的，大调和的基调下有小的冲突。

材质印象：网状、线状及各种手工感觉的天然织物，原始或民间传统感觉的印花织物。

5）前卫风格（图 11-52 ）

给人以反传统、反体制、破坏性的感觉，表达的是一种对传统观念的叛逆和创新精神。

灵感来源：抽象派、超现实主义等前卫艺术，朋客等市街艺术。

款式特点：造型特征以怪异为主，是对经典美学标准做突破性探索而寻求新方向的设计。

色彩要点：对比强烈的配色方法（高彩度的或者是具有荒诞虚无感的色彩特征）。

材质印象：有光泽感和人工味强的缎类、化纤等面料为主要材料特征，往往采用意想不到的面料搭配效果，如人造皮、人造毛皮、金属闪光感面料。

图 11-52

6）运动风格（图 11-53，图 11-54）

给人以活动、实用、机能、明快、健康美的服饰印象。

图 11-53

图 11-54

灵感来源：专业运动风格/休闲风格/功能防寒服风格。

款式特点：整体性强，局部装饰以拉链、金属扣、缉线拼接装饰及口袋的夸张设计等注重实用性和机能性为主。

色彩要素：明快、简洁的色彩特征，多采用鲜明而有清洁感的对比色组，以白色作为统一添加色。

材质印象:组织紧密的全棉或化纤织物,易于显现体形便于活动的各类有弹性的针织面料以及皮革、尼龙、塑料等有现代感的人造新型面料。

7）男士派风格(图 11-55~图 11-57)

吸收采纳了男性服装要素的女装风格,体现了具有男性意识,追求自立的新女性魅力。

灵感来源:军服风格/猎装风格/工装风格/中性风格。

款式特点:方正而有形体的款式特征,强调感觉修长的整体印象。

色彩要素:沉稳、正统、自然的色彩基调,多用无彩色或冷色系。

材质印象:传统的男式面料(人字呢,细条或小方格精纺天然织物)。

有一定下垂感和平滑的面料,牛仔布及其他斜纹面料。

图 11-55

图 11-56

图 11-57

8）都市风格(图 11-58~图 11-60)

这一风格表现了现代的先进技术和为未来世界开发的科技成功在生活中的体现。

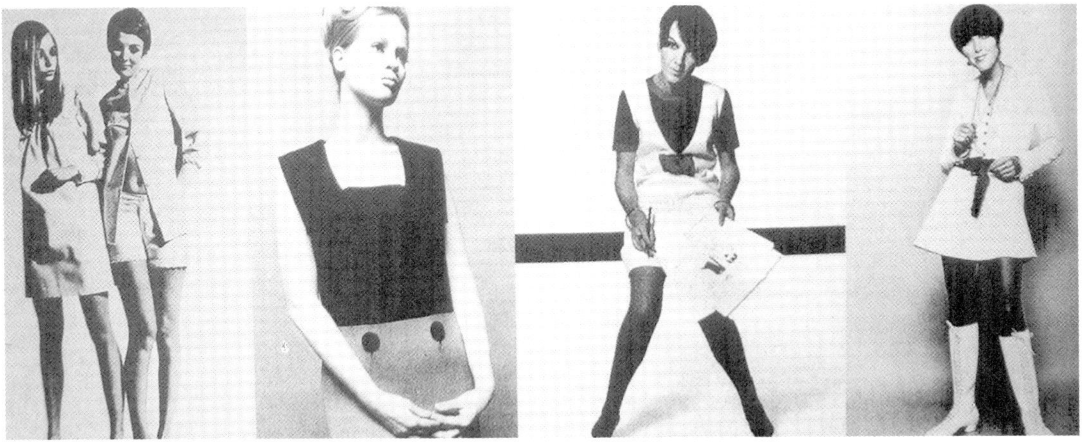

图 11-58

图 11-59

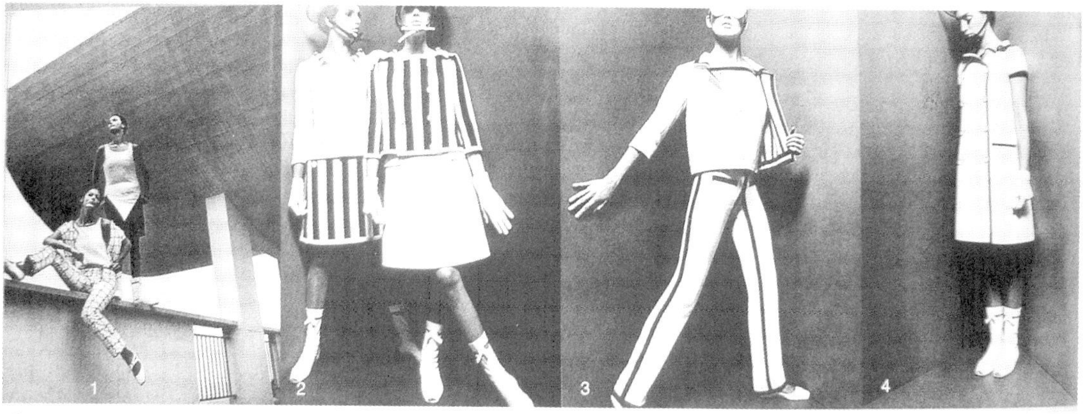

图 11-60

灵感来源：宇宙空间的/立体派的。

款式特点：最为简练的设计语言构成现代和超现代的时装主题。

色彩要素：反映现代都市时髦的简练型色彩，如强烈的原色组合、大胆的黑白组合及具有空间感的灰色系。

材质印象：以表面效果扁平光滑的新型化纤面料作为总体印象。

组织紧密，不易收缩，易于造型的面料。

有一定下垂感，能显现体形的针织面料。

11.2.3 品牌价格与销售形式

品牌服装的价格由其直接成本、间接成本、税收及利润等部分构成。其中直接成本是指面辅料成本和加工成本。间接成本是指销售、管理、设计的费用，如商场的扣率、促销费用、装修费用、设计资料调研费用等。

在现在这样一个实际价值相差无几且翻版和模仿非常普遍的服装行业，要使一个默默无闻的服装设计成为知名品牌并得到消费者的价值认可而获得更大的利润空间，除了取决于其实际质量和价值，更注重的是品牌潜在价值，也就是品牌文化。品牌概念和品牌文化是品牌的附加价值，比如美国微软的光碟成本也就一美元左右，但销售价可以达到三百美元，"更少的材料，更多的智慧"正是品牌的魅力所在。

与制服、外贸服装不同，品牌服装的销售主要是通过零售方式实现的，主要渠道有百货商场、专卖店、店中店、大型超市等。规模较大、声誉较好的商场对品牌供应商来说是主要销售窗口，因为有比较集中和稳定的人流量，但条件也相对较为苛刻。有一定资本或个性比较突出的品牌会选择租赁方式租借商业用房进行品牌形象装修后以专卖店的形式进行销售。也有在大型商业空间租赁独立卖场自主经营，就是以店中店的形式进行销售。大型超市是销售量贩概念的场所，一些档次不高，追求薄利多销的品牌服装会选择这种销售形式。

在经营方式上，品牌创始初期一般会选择自主经营，即品牌拓展和日常销售等由公司自行负责，这种方式相对安全保险，但资金投入较大，发展有限。

当一个品牌拥有了稳定的生产加工基地、生产加工技术、品质控制技术及产品开发能力，通过适当的品牌宣传，拥有了一定的消费群体，从而对中间商产生吸引力，并逐渐形成以中间商为主体的产品销售网络。这时候的经营模式有：

(1) 品牌代理，委托指定的代理商，将产品在指定范围和时限内销售，这样可以借助代理商的资金和人际关系来拓宽市场。

(2) 品牌代销，委托指定的代销商，将商品在商定的范围内销售，可将剩余产品退回给给公司，但产品本利较低。

(3) 品牌经销，经销商买断产品，将商品在商定的范围内销售。

(4) 品牌加盟，指在允许加盟商在允许加盟的品牌制定模式下进行品牌经营活动。品牌加盟其实是一种销售品牌的模式，双方都必须对品牌的运作模式认可，然后严格按加盟合同进行合作，比代理的范围和含义要广泛。

11.2.4　专卖店分布与装饰(图 11-61~图 11-65)

专卖店在选址时，首先要明确商业圈范围，评估经营效益，然后确定大致地点。商圈是指来店顾客所居住的地理区域。以商店所在地为中心，向四周扩展，构成的一定辐射范围，就是商业圈。商业圈一般由中央商业圈、次级商业圈和边缘商业圈三部分构成。

一般而言，地区性商店的中央商业圈顾客密度最大，次级商业圈顾客密度较小，边缘商业圈顾客密度最小；位于商业中心的商店，核心商业圈的顾客最少，次级和边缘商业圈的顾客相对较多；大型百货商店边缘商业圈的顾客最多；居民区商店则几乎没有边缘商业圈的顾客。

商业圈主要有住宅区、商业区、金融区、办公区、文教区、工业区、娱乐区和综合区等类型。考虑到服装产品的特性及店铺的租金、成本等因素，应选择在商业、金融、办公区域。

选择专卖店具体开店地点，要认真分析多种影响和制约因素。

如交通条件，要分析顾客是否容易到达开店地点，附近是否有公交车站，是否有停车场所，货物运输是否方便等。

客流规律，要分析开店地点的客流类型，客流的目的、速度和滞留时间，街道两侧的客流规模。客流类型一般有三种：一是自身客流，即专门来本店购买商品的顾客，是商店客流的基础；二是分享客流，即从邻近商店形成的客流中获得的顾客；三是派生客流，即顺路进店的顾客。

竞争对手，主要应考虑商店的相对集中程度，是避开竞争对手还是利用竞争对手。

地形特点，要选择能见度高的地点开店，如临街处以及一些大型公共场所的迎面处。

城市规划，要了解开店地区城市规划，考虑开店地点的发展前景。

经营效益，主要分析客流量，光顾商店的人数比例，光顾顾客中购货者比例，每笔交易的平均购买量等。

专卖店的形象设计主要分室外设计和室内设计。

室外设计指店铺门前和周围一切装饰，其中包括外观设计、出入口设计、招牌设计、橱窗设计、外部照明设计。

图 11-61

图 11-62

图 11-63

图 11-64

图 11-65

(1) 外观设计 必须体现店铺的档次。

(2) 招牌设计 必须做到新颖、醒目、简明、能引起注意,其本身就具有广告意义,因此要从较远或多个角度都能清晰地看见。

(3) 出入口设计 好的出入口设计能使消费者从入口到出口有序浏览全场,不留死角。设计时,须考虑店铺营业面积、客流量、地理位置、商品特点及安全管理等因素。

(4) 橱窗设计 橱窗是进行商品介绍和宣传的综合性广告艺术,它是商店的第一展厅。在进行橱窗设计时要突出商品的特性,在布置和介绍商品的时候要考虑到消费者的心理需求,有美感及舒适感。

(5) 外部照明设计 指人工光源的使用及其色彩搭配。灯光除了有照亮环境的功能性以外,还可以渲染商店气氛,增加门面形式美。

室内设计，是指对店堂的布局与设计。一个合理的室内设计可以提高店铺的有效面积，提高营业设施的利用率，提供舒适环境，促进客户消费。

室内设计分为室内布局、室内装潢、室内氛围设计。室内布局包括空间布局和通道布局，在一个大的空间下又可以分割成许多小的空间，如柜台、橱窗货架间的空间，店员之间、店员与顾客之间以及顾客之间的空间等，空间、通道布局的科学性直接影响到顾客的合理流动。室内装潢，主要包括店堂内的天花板设计、墙壁设计、地板及货柜设计、收银台和试衣间设计。室内氛围设计，顾客的消费心理有时会受卖场氛围的影响，室内氛围的设计就是提供给消费者一个能产生消费欲望的气氛，其中包含了色彩、声音、气味、通风设备、制服、室内照明。

11.2.5　设计主题的定位与表现（图 11-66~图 11-69）

品牌服装的魅力在于它所展现的品牌文化象征，品牌代表的是一个特定消费群的价值观和生活取向，品牌所提供的不只是一件衣服，而是一种生活趣味，品牌服装的设计就应该围绕着这种生活趣味而展开。

图 11-66

图 11-67

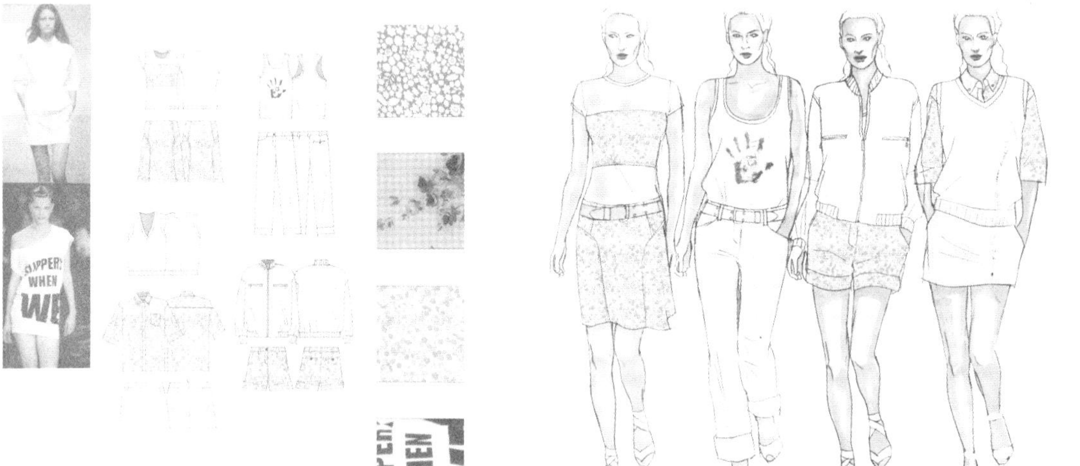

图 11-68

在设计前要有一个详尽的收集咨询的过程:

(1)明确品牌的消费人群

一个好的品牌必然不会是适合全部人群的,它只为一个特定人群而服务。对品牌消费人群的认识和把握是品牌服装设计师在设计时必须十分明确的。

(2)收集分析相关服装信息

把握时代精神和流行方向是设计的大前提。夏奈尔曾说过:一个好的设计就是在恰当的时候拿出适当的衣服,留意整个市场的动向,如消费动向,可以大到社会、经济、生活形态的最新趋势,也可以小到某个零售畅销商品;流行动向,最新的国内外服装(色彩、材料、花样、款式)情报,面辅料供应商的情报,当前比较有影响力的人物、影视、音乐等,街头人们的装扮;技术动向,很多最新科技被广泛应用于流行商品的基本材料、设计和制造等各方面。

根据收集的各种信息情报,开始品牌服装的设计。

(1)确定设计主题

对各种信息的分析,选择 1~2 个与品牌形象最为接近,最适合表达品牌理念的主题来形成下一季节新的设计主题。主题的确定必须是在对目标消费群充分调查的基础上的,必须具有较强的时代感。

(2)确定色彩,面料组合,基本外形

根据设计主题,对收集的流行情报进行筛选,确定与主题相符的色彩基调,可以有选择地应用流行色,把色彩分为使用频率较高的基本色和使用量较少的点缀色;面料组合和基本外形在于和主题相符的同时也应考虑到时尚印象。

图 11-69

(3) 款式设计

遵循形式美法则,将设计主题、造型、面料和色彩等设计要素有效地综合起来。注意服装款式的空间与线条的比例关系,细节的节奏性与服装外形的整体性关系,服装色彩与服饰配件的协调关系等。

另外,还要考虑到消费人群多方位着装要求,不同的单品要有合理的百分比搭配,设计方面也要按比例分配,较超前的用于展览的创新设计,对上一季延续的保守设计和简洁新颖但变化不多的日常装设计。

在品牌服装的款式设计中,除了表达款式以外,还应包含详尽的设计说明。设计说明是样衣生产的前提,是设计师与板型师、工艺师沟通的媒介,应用简洁的文字和清晰的图示对设计作确切的说明。其内容应包含前、后视平面结构图;尺码说明;所使用的全部服装材料的实物样片;所使用的全部的辅料说明;如需要有非常规的加工程序,还应当附小样或说明。

当板型师和工艺师拿到设计说明以后就可以开始着手样衣的制作了。样衣可以直观的评估设计构思、工艺水平、穿着效果、面辅料的选用及成本的核算，是确保生产销售的第一步，也是服装工业的重要环节。设计师与板型师、工艺师合作完成样衣的制作，设计师起主导作用，所以设计师应掌握相关的制版及工艺知识，才能有效地与板型师、工艺师进行沟通，达到自己的设计要求。

在服装款式设计完成以后还要考虑相关配饰的选择，以及品牌展示会和新品推出的卖场布置，这些都是需要与前期所确定的主题相统一的。作为品牌服装的设计师，也要参与到这些后期工作中去，一方面协助销售，更好的表达品牌的理念，有时候设计师本身也能成为品牌形象的代言人；另一方面可以及时得到市场反馈信息，对自己的设计有更清楚的认识，为下一季品牌服装设计深化工作做好准备。

思考与练习

1. 对现有的服装品牌市场做一个采访调查，根据不同的风格类别对不同品牌资料加以区分和归类整理。

2. 确定一个年龄层或一个风格类别，结合市场流行趋势及目标人群的需要，模拟品牌服装的设计方式，进行一个季节几个系列的服装产品开发设计。

参考文献

1 陈美芳. 实用服装设计. 台北:艺风堂出版社，1999
2 李当歧. 服装学概论. 北京:高等教育出版社，1998
3 李当岐. 西洋服装史. 北京:高等教育出版社，1995
4 刘元风,李迎军. 现代服装艺术设计. 北京:清华大学出版社，2005
5 刘元风. 服装设计学. 北京:高等教育出版社，1997
6 刘元风,胡月. 服装艺术设计. 北京:中国纺织出版社，2006
7 袁仄著. 服装设计学. 北京:中国纺织出版社，2000
8 刘晓刚,崔玉梅. 基础服装设计. 上海:东华大学出版社，2003
9 刘晓刚,徐玥. 时装设计艺术. 上海:东华大学出版社，2005
10 胡小平. 现代服装设计创意与表现. 西安:西安交通大学出版社，2002
11 崔荣荣. 现代服装设计文化学. 上海:中国纺织大学出版社，2001
12 崔荣荣. 服装仿生设计艺术. 上海:东华大学出版社，2005
13 吉尼·斯蒂芬·伏琳著；王立非等译. 时尚——从观念到消费. 西安:陕西师范大学出版社，2003
14 凯瑟琳·麦凯维,詹莱因·玛斯罗著；郭平建,武力宏,况灿译. 时装设计:过程、创新与实践. 北京:中国纺织出版社，2005
15 上海市职业能力考试院,上海服装行业协会组编. 服装设计(初级). 上海:东华大学出版社,2005
16 Jay and EIIen Diamond 著；李旭,章永红等译. 时装与服饰品的经营和销售. 北京:中国纺织出版社，1998
17 侯吉建,张建华. 服饰品牌特许经营. 北京:中国纺织出版社，2005
18 刘君,陈燕琳. 品牌成衣设计. 重庆:西南师范大学出版社，2005
19 冷芸. 时装橱窗艺术. 上海:上海书店出版社 ，2005
20 陈长敏. 服装专题设计. 北京:高等教育出版社，2000
21 周文杰. 男装设计. 杭州:浙江人民美术出版社，2005
22 苏永刚. 男装设计. 重庆:西南师范大学出版社，2002
23 陈东生,甘应进. 新编服装设计学. 北京:中国轻工业出版社，2001
24 陈新颖. 材质新表现. 福州:福建美术出版社，2003
25 鲁闽. 服装设计基础. 杭州:中国美术学院出版社，2001
26 徐苏,徐雪漫. 服装设计基础. 北京:高等教育出版社，2003
27 熊晓燕,江平. 服装专题设计. 北京:高等教育出版社，2003
28 韩静,张松鹤. 服装设计. 长春:吉林美术出版社，2004
29 http://www.eeff.net/
30 http://www.pop-fashion.com/index.jsp

31 http://www.fashionline.cn/
32 http://www.dzhdp.com/
33 http://bbs.ccaf.com.cn/bbs1/index.asp
34 http://bbs.51fashion.com/
35 http://www.efubbs.com/
36 chanel 夏奈尔 http://www.chanel.com/fb/index.cfm
37 christian dior 克里斯汀·迪奥 http://www.dior.com/pcd/internation...ome/prehome.jsp
38 christian lacroix 克里斯汀·拉克鲁瓦 http://www.christian-lacroix.fr/
39 让.保罗.戈尔捷(时装界的"坏孩子"之一)http://www.jeanpaul-gaultier.com/vf/home/default.htm
40 高田贤三 http://www.kenzo.com
41 山本耀司 http://www.yohjiyamamoto.co.jp
42 thierry mugler 蒂埃里·穆勒 http://www.thierrymugler.com/index_mugler.html
43 gianni versace 范思哲 http://www.versace.com/flash.html
44 yves saint laurent 伊夫·圣·洛朗 http://www.ysl.com/language.html
45 乔治·阿玛尼(意大利)http://www.giorgioarmani.com/
46 gucci 古琦(意大利)http://www.gucci.com/start.html
47 ntino 瓦伦蒂诺(华伦天奴)(意大利)http://www.valentino.it/
48 dolce & gabbana http://eng.dolcegabbana.it
49 iceberg http://www.iceberg.com
50 三宅一生 http://www.isseymiyake.com
51 耐克 http://www.nike.com.cn
52 阿迪达斯 http://www.adidas.com/cn/

后 记

“基础篇”阐述了现代服装设计是一门综合性很强的新学科,服装设计课程是为适应现代服装产业对应用型人才的需求而开设的。由江南大学纺织服装学院徐亚平副教授、崔荣荣副教授担任第一章至第二章内容的编写工作;常州纺织服装职业技术学院服装系刘耀先老师担任第三章内容的编写工作;南通纺织服装职业技术学院施静老师担任第四章内容的编写工作;常州纺织服装职业技术学院服装系副教授曾红编写大纲,并担任前言、第五章至第六章内容的编写工作。

“专题篇”阐述了服装专题设计课程是服装专业的核心课程,是针对服装企业的人才需求和市场发展趋势而开设的。由江阴职业技术学院艺术设计系王银明老师担任第七章内容的编写工作;威海职业技术学院艺术设计系讲师、工艺美术师许崇岫老师担任第八章内容的编写工作;盐城纺织职业技术学院艺术设计系陈玉红老师担任第九章内容的编写工作;河南省纺织高等专科学校高亦文老师担任第十章内容的编写工作;杭州职业技术学院艺术系唐燕老师担任第十一章内容的编写工作;常州纺织服装职业技术学院服装系副教授曾红编写大纲、并担任前言的编写及全书的统稿工作。

在编写教材中我们既注意学科内容的完整性、实用性,又考虑到不同内容深浅程度的把握,教材理论内容以必需、够用为度,以强调学生专业素质的培养,突出学生的创新能力与实践能力,使学生把握服装设计——艺术性、技术性、市场性的综合运用能力是本教材的主要目的,具有突出重点、可操作性强的特点。提高学生综合应用能力是本教材的主要目的,充分体现当代职业教育的宗旨。

本书在编写过程中受到陈美芳、李当歧、刘元风、李迎军、袁 仄、胡月、刘晓刚、崔玉梅、徐玥、胡小平、崔荣荣、侯吉建 张建华、刘 君、陈燕琳、冷芸、陈长敏、周文杰、苏永刚、陈东生、甘应进、陈新颖、鲁闽、袁利、赵明东、胡小平、崔荣荣、徐 苏、徐雪漫、熊晓燕、江平、韩 静、张松鹤等老师及同行著作的启发,并作为参考,在此深表谢意,感谢他们将新知识、新资信注入大学的课堂。

由于服装业及服装教育领域发展迅速,也由于编者所见之限,难免有不尽如人意之处,恳请读者同仁不吝赐教。

本书运用了大量中外优秀图片资料作为文字论述的补充,以加深读者印象,谨向这些优秀图片的作者表示衷心的感谢。

编者

2006 年 4 月